LA MÉCANIQUE
APPLIQUÉE
AUX ARTS,
AUX MANUFACTURES,
A L'AGRICULTURE
ET A LA GUERRE.

LA MÉCANIQUE

APPLIQUÉE

AUX ARTS,

AUX MANUFACTURES,

A L'AGRICULTURE

ET A LA GUERRE;

OUVRAGE ORNÉ DE 120 PLANCHES:

Par M. BERTHELOT, Ingénieur-Mécanicien du Roi.

TOME PREMIER.

A PARIS,

Chez { L'AUTEUR, rue Saintonge, au Marais;
DEMONVILLE, Imprimeur-Libraire de l'Académie
Françoise, rue Christine.

M. DCC. LXXXII.

Avec Approbation, & Privilege du Roi.

AVERTISSEMENT.

QUARANTE ans de travaux & d'expériences difpendieufes m'ont procuré des découvertes utiles pour les Arts, les Manufactures, l'Agriculture, le Commerce & la Guerre. Le Gouvernement, toujours difpofé à encourager les talens, a fait conftruire mes moulins à bled à Bicêtre, où ils ont été expofés à la vue du Public. Le Roi a bien voulu me gratifier d'une penfion, pour l'invention de nouveaux affûts de canon, qui ont été adoptés dans toutes les Villes de guerre & fur les Ports de France. Quelle récompenfe plus glorieufe pourrois-je efpérer pour mes travaux ? Cependant, après avoir confommé une partie de ma fortune en effais fouvent infructueux, & toujours très-coûteux, le Roi a bien voulu m'accorder un Privilege exclufif, enregiftré au Parlement, pour la conftruction de mes machines : ce Privilege prononce une amende de 6000 livres & la confifcation des machines & matériaux contre les contrefacteurs. Honoré d'une pareille grace, j'ai fenti qu'en ufant de ce Privilege à la rigueur, ce feroit dérober au Public une partie de mes découvertes ; & le defir d'être utile à ma Patrie, l'a emporté fur des confidérations perfonnelles. Néanmoins, comme il eft jufte que je retire quelque fruit de mes travaux, j'ai cru pouvoir impofer à ceux qui voudront conftruire les machines que je publie, la néceffité de fe pourvoir de mon Livre. Ce foible tribut peut à peine me dédommager ; mais en exigeant des facrifices, j'ai dû en donner l'exemple. Auffi je préviens le Public, que tenant un compte exact du nom des perfonnes qui prendront mon Ouvrage, je crois devoir figner tous les Exemplaires, & mettre le nom des perfonnes pour qui ils feront deftinés, derriere le frontifpice.

On fera peut-être furpris de rencontrer, dans cet Ouvrage, les defcriptions des machines placées comme au hafard : mais comme je les ai fait deffiner & graver à mefure que les modeles fortoient des mains des Ouvriers, je n'ai pu fuivre d'autre ordre que celui que leur plus ou moins d'exactitude, les corrections & changemens qu'on me demandoit, me permettoient de fuivre. J'aurai foin de compléter, dans le fecond Volume, les defcriptions qui ne paroîtroient pas fuffifantes dans celui-ci, en les comparant à celles des machines analogues. Enfin, je ne négligerai rien pour rendre intéreſſant un Ouvrage entrepris par amour du bien public.

Je me ferai un devoir de répondre à la confiance des perſonnes qui me feront l'honneur de me conſulter ſur des conſtructions qu'elles projetteront ; ſoit en dirigeant les Ouvriers , ſoit en donnant les développemens particuliers, ſoit enfin en communiquant les modeles en petit que j'ai fait conſtruire , ou en me chargeant de faire exécuter tous ceux dont on aura beſoin.

Le ſecond Volume contiendra des deſcriptions de machines tout auſſi intéreſſantes que celles qu'on a vues juſqu'ici , & dont le but eſt toujours les beſoins uſuels de la Société.

Il me reſte à propoſer au Public les excuſes les plus ſinceres ſur les retards que la publication de ce Volume a éprouvés : mais il n'a pas été en mon pouvoir de le donner plutôt. Tel Graveur a mal rendu une machine pour n'en avoir pas eu le modele ſous les yeux , & il a fallu le conſtruire & regraver la Planche. Auſſi , ſuis-je forcé de convenir que la plupart de mes Planches ne ſont pas auſſi parfaites que je l'aurois deſiré, & qu'elles auroient dû l'être ; mais du moins elles ſont exactes & rendent bien l'idée que j'ai eue.

L'expérience m'a appris que dans tout Ouvrage, dont l'exécution ne dépend pas de l'Auteur feul, on éprouve des retards motivés par mille circonftances qu'on ne fauroit prévoir. Les deffins du fecond Volume font faits ; les modeles font dans les mains de différens Ouvriers ; plus de dix Planches font déjà gravées, & je crois pouvoir affurer que je tiendrai la promeffe que je fais de livrer le fecond Volume au mois de Mars prochain. Heureux du moins, fi le fuffrage de mes Lecteurs me fait trouver grace des retards que je leur ai fait éprouver !

LA MÉCANIQUE
APPLIQUÉE AUX ARTS,
AUX MANUFACTURES,
A L'AGRICULTURE ET A LA GUERRE.

INTRODUCTION.

Une des Sciences , dont la Société tire les plus grands avantages , eſt ſans contredit la Mécanique. Par elle , la durée du jour & de la nuit eſt meſurée , quand la lumiere des aſtres nous eſt cachée; par elle , l'homme a oſé porter ſes yeux dans le ténébreux attelier où la Nature ſembloit vouloir ſe dérober à ſes regards , & l'avidité eſt deſcendue aux entrailles de la terre y puiſer une nouvelle ſource de maux, en nous enrichiſſant de prétendus tréſors ; par ſon ſecours , le cours des aſtres les plus éloignés nous eſt connu; par elle enfin , l'habitant de la zone torride a établi , avec l'hyperboréen , une correſpon-

Tome Ier.B

dance prompte & sûre, & l'Univers n'est plus devenu qu'un jardin, qu'une famille, où le voisin & le parent échangent les productions de leurs climats, pour se procurer celles que la Nature sembloit leur avoir interdites à jamais. En vain l'Auteur de la Nature avoit-il donné aux hommes cette manne précieuse & salutaire dont nos campagnes se voient enrichies chaque année : l'homme grossier & stupide n'y trouvoit qu'une nourriture mal saine & dégoûtante ; le moulin à bled paroît, & bientôt cet aliment fastidieux devient, malgré le fréquent usage qu'on en fait, la seule nourriture dont il ne se lasse jamais.

Mais grossiers d'abord, comme leurs inventeurs, les moulins n'ont reçu leur perfection que du temps. Il ne paroît même pas possible d'y rien ajouter maintenant, si ce n'est que, leur moteur n'étant pas en la disposition de l'homme, cette machine bienfaisante se refuse quelquefois à ses besoins dans le temps même où ils sont le plus pressants. Un calme ou un orage mettent également en chommage les moulins à vent. Ceux à eau sont rendus inutiles par une crue ou une sécheresse ; les glaces de l'hiver en suspendent encore le travail. Quel plus grand service pouvoit donc rendre à l'humanité, celui qui en a rendu le service continu ? A cette importante découverte, le sieur Berthelot en a joint une autre non moins précieuse ; c'est de rendre les moulins de si facile transport, qu'on peut en très-peu de temps en monter un ou plusieurs, & se procurer de la farine dans les endroits où il n'y a ni courant d'eau ni moulins à vent. Dans une forteresse assiégée, par exemple, où tout secours est intercepté par l'ennemi, quelle heureuse ressource que de pareils moulins !

Le principe moteur que le sieur Berthelot a employé, ne

l'a pas encore été utilement jufqu'à lui, quoique plufieurs Auteurs s'en foient fort approchés ; aucune machine n'avoit été conftruite jufqu'à préfent fur ce principe.

Aux moulins à pédales, le fieur Berthelot joindra la def-cription de plufieurs machines très-utiles, mues par le même moyen, ainfi que celle de plufieurs autres dont l'utilité a été reconnue par les gens les plus éclairés en tout genre, & lui a mérité la bienveillance du Gouvernement.

L'Ouvrage eft orné de cent vingt Planches en taille-douce, pour rendre plus fenfible l'explication des différentes machines.

Le but que s'eft propofé le fieur Berthelot, en fubftituant le travail des hommes à celui des chevaux & autres bêtes de fomme & de tirage, a été de procurer aux malheureux une reffource contre l'oifiveté, fource inépuifable de vices qui défolent la Société, & d'alléger la mifere de ceux que les Loix ont flétris ou fequeftrés du commerce des autres.

L'Auteur a fu employer les hommes par leur plus grande puiffance, celle du corps, foit par le moyen des pédales fur lefquelles ils pofent leurs pieds & leur corps entier, foit en les fufpendant en l'air fans qu'ils aient befoin du fecours de leurs bras ni de leurs jambes, même au plus fort du travail.

L'expérience a appris qu'un homme de force ordinaire ne peut fupporter long-temps & produire un effort continu de plus de vingt-cinq livres. On fait auffi que tous, les uns dans les autres, pefent cent cinquante livres ; par conféquent, la puiffance eft augmentée dans cette proportion.

Le travail le plus affidu ne fauroit nuire à leur fanté : on pourroit même dire que dans des maifons de force, où l'inertie & l'oifiveté font un des fléaux deftructeurs, ce travail peut contribuer à la santé. Les moulins qui ont été conftruits à Bicêtre par ordre de M. le Noir, Lieutenant-Général de Police, & que tout le monde peut voir, convaincront de cette vérité quiconque voudra réfléchir fur la caufe & fur les effets.

Les machines dont le fieur Berthelot va donner la defcription, font d'abord différentes efpeces de moulins propres à moudre le grain ; des grues de différentes efpeces ; plufieurs machines propres à piloter, à fcier le bois & les pierres ; des martinets & des foufflets pour les forges & fourneaux ; des machines pour piler & triturer tout ce qu'on veut, pour broyer les pommes à cidre, pour raper le tabac, pour cylindrer & eftamper ; des moulins à fucre pour les Colonies ; des machines pour forer & tourner toutes fortes de groffes pieces, & pour amalgamer les métaux ; enfin, plufieurs autres machines pour la guerre.

Les Artiftes trouveront, dans cet Ouvrage, des idées propres à conftruire d'autres machines par l'application des principes fur lefquels celles du fieur Berthelot font conftruites.

Le peu d'étendue que le format de cet Ouvrage a forcé de donner aux Planches, n'a pas permis de rendre fenfible la folidité que la plupart des machines propofées exigent ; mais on efpere que le Lecteur fuppléera aifément à ce qui manque à cet égard.

Comme on ne traite dans cet Ouvrage que des machines dont la plupart font connues, & auxquelles le fieur Berthelot n'a changé que le moteur, leur élévation & leurs dimenfions font les mêmes. Telles font les grues, les machines à piloter, & quelques autres.

DES MOULINS A BALANCIER.

LA planche premiere repréfente la carcaffe & la mécanique d'un moulin , dont le rouage eft mis en action par un balancier. **Planche Iere**

A , A , A , A , font quatre montans de charpente qui , avec les huit traverfes B , B , &c , forment la cage du moulin ; C , C , font deux autres montans affemblés dans les traverfes haut & bas , qui portent l'arbre D , par les tourillons pratiqués à fes deux bouts. Sur cet arbre eft fixée une petite roue , fur chaque côté de laquelle eft un rochet dont on connoîtra bientôt l'ufage. A quelque diftance de cette roue, eft fixée de même une autre roue F beaucoup plus grande, garnie fur la face gauche d'un nombre fuffifant de dents de bois qu'on nomme *alluchons* , qui engrenent dans la lanterne qui fait tourner la meule.

Cette lanterne , enarbrée fur un effieu de fer , eft portée fur une potence fixée très-folidement fur le montant C, à une hauteur fuffifante pour rencontrer les alluchons de la grande roue , de maniere que le mouvement en foit doux & cependant jufte.

Au-deffus de la cage font les meules. Au centre de celle qui tourne , eft fixé l'effieu qui tient à la lanterne. La meule tourne dans fon *archure* H ; & pour qu'on puiffe agir commodément autour , la cage eft couverte d'un plancher auquel on arrive , foit par le moyen d'une échelle , foit à l'aide d'un efcalier qu'on peut pratiquer en dedans de la cage.

Entre les deux traverfes B , B , en eft une autre qui porte le cylindre dont on ne voit qu'un des deux tourillons en *a* , recouvert d'un collier de fer fixé fur la traverfe , pour l'empêcher de fortir de fa place. Sur ce cylindre font fixées quatre chaînes de fer à charniere , par un bout feulement. Deux de ces chaînes font fixées fur chacune des deux tringles K , K , par leurs extrémités , après avoir fait un tour fur le cylindre dans un fens oppofé. Par ce moyen , le cylindre ne fauroit tourner à droite ou à gauche , qu'il ne faffe hauffer & baiffer l'une & l'autre tringles. Sur ce même cylindre eft fixée , à écrou pardeffus , une longue tringle de fer L , au bas de laquelle eft une forte maffe de plomb ou de pierre O. On fent qu'en faifant mouvoir à droite & à gauche le balancier , on force le cylindre de tourner tantôt d'un fens & tantôt de l'autre , & de faire hauffer & baiffer les tringles K , K , qui , par le bout d'en bas , font fixées à charniere par un fimple enfourchement , aux pieces de bois M , M , arrêtées elles-mêmes par une fimple cheville de fer fur le petit montant N , où elles peuvent fe mouvoir de bas en haut.

Tout près de l'enfourchement des tringles K , K , avec leurs pieces M , M , font fixés folidement à boulon deux cliquets ou mantonnets de fer qui vont prendre les rochets que nous avons dit être fixés fur les deux faces de la roue. Confidérons maintenant la machine en mouvement.

Un homme donne l'impulfion au balancier L , d'un ou d'autre côté ; le cylindre dans lequel il eft enarbré , fuit ce mouvement , & force deux chaînes de fe déployer , l'une pour faire lever une tringle K , l'autre pour faire baiffer l'autre : le cliquet ou mantonnet, que nous fuppofons levé, a parcouru un nombre quelconque de dents du rochet ; & la tringle ne levant plus, s'arrête fur la plus élevée. Le balancier, étant ramené de droite à gauche, fait baiffer la tringle qui étoit levée, & lever celle qui étoit abaiffée. Le cliquet forcera la roue E à faire une partie de fa révolution tandis que l'autre cliquet, en levant, ira au plus haut de l'autre rochet prendre une dent pour continuer la révolution quand le balancier va revenir à droite, & toujours ainfi de fuite.

La grande roue F, enarbrée fur le même axe que la petite, fera donc emportée par un mouvement uniforme, & fes alluchons engreneront dans la lanterne qui fera tourner la meule.

Pour que cette meule aille fuffifamment vîte, il n'eft pas befoin que le balancier faffe de très-promptes ofcillations : car, fi nous fuppofons que la roue qui porte les rochets fait un tour en huit allées & venues du balancier, la roue qui porte les alluchons en fera un dans le même temps. En fuppofant que la lanterne porte douze fufeaux, & la roue cent quarante-quatre alluchons, la meule fera douze tours dans un de la roue.

Je n'ai rien dit de la conftruction de la trémie, ni de la pofition des meules : ce feroit, je penfe, fortir du but que je me fuis propofé, que d'entrer dans le détail de conftructions dont tout le monde a ou peut avoir aifément connoiffance.

M O U L I N A P É D A L E S.

Pl. II.

Le moulin que repréfente la planche II eft abfolument le même que le précédent, fi ce n'eft qu'au balancier, j'ai fubftitué des pédales qui font le même effet.

Comme la charpente qui forme la cage du moulin, la pofition des deux roues, de la lanterne, de la meule & des cliquets, font abfolument les mêmes qu'au précédent, je ne m'y arrêterai pas; je ne parlerai que des pieces qui font différentes.

Ce moulin eft repréfenté fur un des côtés, pour faire mieux fentir le jeu des machines.

A, A, A, A, font les quatre montans de la cage; B, B, B, B, font les traverfes qui les affemblent haut & bas; C, C, font deux autres montans qui portent l'arbre D, fur lequel eft la roue E à rochets & celle à alluchons qui fait tourner la lanterne G & la meule. H eft la trémie; I, I, font deux traverfes, dont l'une en devant va du montant du milieu C à celui de l'angle, A; l'autre eft portée par celles *b*, *b*. La traverfe *a* eft affez large pour donner paffage aux deux tringles K, K, entre lefquelles eft une poulie fur laquelle paffe une chaîne fixée par fes deux bouts aux tringles, de maniere que quand l'une baiffe, l'autre eft follicitée à monter.

c, *c*, font les deux cliquets fixés fur les tringles par les mantonnets *d*, *d*, où ils font retenus à boulons; M eft un petit montant auquel font pareillement attachées les pieces L, L, qui font charniere avec les tringles K, K. N, N, font deux marches fixées folidement fur les tringles K, K; & les

barres

barres O , O , fervent de rampe pour placer les mains de ceux
qui font mouvoir la machine. Ces marches fe meuvent parallélement au plan, au lieu que fi elles fe mouvoient fur un
centre, les hommes qui les mettent en mouvement auroient
une trop grande enjambée à faire pour y porter le pied, fur-
tout lorfqu'il y a plufieurs hommes fur les marches, comme
on le verra à d'autres machines.

Dès que l'agent monte fur une des marches, en fe tenant
à la rampe O , la tringle baiffe ; le cliquet qui y tient, emmene
la roue à rochets, & par conféquent celle à alluchons, & celle-
ci la lanterne & la meule. Pendant ce temps, l'autre tringle eft
relevée par la chaîne qui paffe fur la poulie en *a* ; & le cliquet
qui la fuit, va prendre des dents élevées du rochet pour les
faire defcendre quand les agents mettront leurs pieds & por-
teront leurs corps fur l'autre marche , & toujours de même
alternativement.

MOULIN

QUI SE MEUT PAR LE MOYEN DE DEUX POMPES.

La machine repréfentée par la planche III, eft un moulin
à-peu-près femblable aux précédens, fi ce n'eft qu'il fe meut
par le moyen de deux pompes, ainfi qu'on va le voir.

A , A , A , A , font les quatre montans de la cage , affemblés
haut & bas par les traverfes B, B, B, B; G, G, font deux des quatre
autres traverfes fur la largeur, dont les deux du haut portent
l'arbre C , à l'un des bouts duquel eft fixé très-folidement
un balancier D , au bas duquel eft le contrepoids E , comme
au premier moulin dont j'ai parlé : à l'autre bout de l'arbre

Pl. III.

eſt un renflement pris à même la piece, & cylindrique, ſur lequel ſont fixées, par leur milieu, deux chaînes dont les bouts ſont attachés aux tringles F, F, comme au premier moulin. Ces tringles F, F, mettent en jeu deux piſtons qu'on ne ſauroit voir, & qui ſont cenſés cachés dans leurs corps de pompes en H, H; ces pompes, qu'on peut faire aſpirantes, élevent l'eau dans la cuvette I, d'où elle s'écoule par un conduit quarré long, incliné à la ſurface de l'eau, qu'il conduit à une très-grande roue de bois L, dont les aubes ſont inclinées à ſon plan, ainſi qu'on le voit ſur la figure. Il faut ſuppoſer que le réſervoir où l'eau ſe rend en ſortant de la roue, eſt à quelques pouces au-deſſous d'elle, & que reportée ſans ceſſe dans la cuvette, il ne s'en perd que celle que l'air fait évaporer. Cette roue eſt portée ſur une forte croiſée de charpente, & ſoutenue ſur un pivot de fer dont le prolongement tient à l'anille de la meule tournante qui eſt renfermée dans ſon archure; cette roue, quoique d'un fort grand diametre, va fort vîte, pour peu qu'elle ſoit bien en équilibre, & que les collets de l'axe qui porte la meule, ſoient bien ajuſtés. Le fluide qui tombe ſur les aubes de cette roue fait l'effet d'un ventilateur qu'on adapte aux croiſées des appartemens pour en renouveller l'air; on pourroit même, ſi on le jugeoit néceſſaire, multiplier ces conduits déférens K, pour donner l'impulſion à la roue en pluſieurs endroits de ſa circonférence.

Le balancier étant mis en action, fait jouer les piſtons; & l'eau arrivée dans la cuvette s'écoule, va tomber ſur la roue & la fait tourner très-vîte. N eſt la trémie; M eſt la meule de deſſus qu'on apperçoit, au moyen de ce que le couvercle O eſt cenſé coupé & hors de place : on voit auſſi le trou qui eſt à ſon centre par lequel le grain eft introduit entre les meules; P eft l'efcalier par lequel on monte à la plate-forme où eft la meule ; *a*, *a*, font les garde-fous qui font autour.

GRUE

PROPRE A CHARGER ET DÉCHARGER LES BATEAUX, VAISSEAUX, &c.

La confidération des dangers auxquels font fans ceffe expofés les malheureux que la trifte néceffité de gagner leur vie occupe à ces fortes de travaux , a déterminé l'Auteur à appliquer le moteur des moulins précédemment décrits , les pédales qui les mettent en mouvement, à toutes fortes de grues. Outre cet avantage , il a profité de la forme qu'exige la mécanique qu'il propofe d'y adapter , pour former de cet enfemble un cabinet mobile qui peut fervir à ferrer des cordages ou autres équipages , & dans lequel on pourroit placer un Commis , foit pour y tenir fes regiftres , foit même pour y coucher.

Pl. IV.

A , eft un fort poinçon de charpente fcellé en terre en bonne maçonnerie, & contre-buté dans tous les fens par les contre-fiches B , B , B. Toute la partie fupérieure de cet arbre eft cylindrique , & porte , par un tourillon de fer , la cage toute entiere fur une crapaudine auffi de fer , fixée fous la piece de bois C qui fert de volée à la grue.

D , D , D , D , font les quatre montans de la cage, affemblés folidement , comme on le voit dans les traverfes E , E , &c., fur la longueur & avec toutes les autres qui font fur la largeur. La cage eft portée par la piece C au moyen des montans F , F , confolidés par les traverfes qui s'y affemblent. Le petit comble qu'on voit fur cette cage y tient par fon propre poids.

Sur la feconde traverfe F , repofe un arbre , par fes deux tourillons qui font retenus par les colliers de fer qu'on y voit; fur cet arbre font fixées deux roues à chevilles, fur lefquelles les mantonnets font leur preffion.

A chaque roue correfpondent deux marches, dont la ftruĉture, le jeu & l'effet font abfolument les mêmes que dans les moulins précédens. Les tringles *a* , *a* , *a* , portent les mantonnets ; la quatrieme ne fauroit fe voir. Chacune de ces tringles porte une marche *b* , *b* , &c. , confolidée par le tirant de fer qu'on voit dans l'angle : on voit auffi les appuis pour pofer les mains. Il y a donc à chaque roue deux marches & deux mantonnets. Quand l'une baiffe , l'autre eft relevée par une chaîne qui paffe fur une poulie que porte la piece de bois G ; le mantonnet qui vient d'être élevé rencontre une cheville fur laquelle il appuie , lorfqu'on abaiffera la marche qui lui correfpond. Il eft inutile d'avertir que chaque paire de mantonnets eft fur les deux faces de chaque roue, & que les chevilles débordent, l'une d'un côté & l'autre de l'autre alternativement. *c* , *c* , *c* , font les pieces de bois qui forment en cet endroit un garde-fou pour les hommes employés au fervice de cette grue ; *d* eft un plancher où fe tiennent les hommes pour la faire mouvoir , & quand elle eft en repos.

Les roues étant forcées à tourner par les mantonnets , emmenent l'arbre où elles font fixées , & celui-ci appelle le cable qui éleve le fardeau. Quand il eft à une élévation fuffifante, on fait tourner la grue comme on fait tourner les moulins à moudre le bled , quand on veut les mettre au vent , pour décharger le fardeau.

Dans le cas où l'on voudroit faire fervir la partie fupérieure

de cette grue pour loger un Commis , il faudroit enclore toute
la cage de planches , ce qui ne rendroit pas la machine beaucoup
plus pefante : mais foit qu'on s'en ferve à cet ufage ou non ,
il eft toujours à propos d'y mettre un toit léger en bois , pour
garantir la machine des alternatives de la pluie & du foleil.

ROUE A CARRIERES.

La planche V repréfente une roue à carrieres , que dans
les bâtimens on nomme *Singe*. Elle eft mue par le même principe
que la grue qu'on a vue ci-deffus. Les deux pédales E , E ,
font baiffer alternativement les deux tringles F , F , & les
cliquets qui y font fixés : ces cliquets s'appuyant fur les chevilles
de la roue A , font tourner l'arbre B fur lequel s'enveloppe la
corde C , & éleve le fardeau D. Cette machine , quoiqu'origi-
nairement deftinée à élever les pierres du fond des carrieres , eft
depuis quelques années mife en ufage dans les bâtimens pour
élever les pierres fur l'échafaud ou plate-forme , lorfque l'édifice
eft déjà porté à une certaine hauteur , pour de-là être prifes par
une grue & portées à leur deftination , fi la grue eft tournante.

Qu'il me foit permis de tirer quelque avantage du compte
qui fut rendu de cette grue , dans un Journal dont l'objet
principal étoit de faire connoître les jugemens que le Public
portoit des ouvrages & productions de toute efpece que les
Artiftes expofoient à la vue des Savans dans une Affemblée
Littéraire , que des raifons , dont j'ignore la caufe , ont fait
difcontinuer quelque temps , mais qui vient de reprendre fes
féances avec un nouvel éclat : ce compte eft à-peu-près femblable à celui qu'en a porté l'Académie Royale des Sciences.

GRUE A PÉDALES.

Pl. VI.

La planche **VI** repréſente une grue telle qu'on les emploie communément dans les bâtimens , à laquelle j'ai adapté les pédales qui en rendent le ſervice très-facile & très-prompt. Je ne détaillerai pas les pieces qui compoſent la grue : cette machine eſt très-connue de tout le monde.

A la moiſe d'en bas eſt fixé ſolidement un bâtis entre lequel paſſent les tringles C , C , qui correſpondent aux pédales D , D ; une poulie placée entre les tringles , & ſur laquelle paſſe une chaîne attachée par ſes extrémités aux tringles , les releve alternativement quand l'autre baiſſe. Un cliquet fixé ſur les tringles comme aux grues précédentes , vient prendre alternativement les chevilles qu'on voit ſur la grande roue E, & la fait tourner. On a repréſenté , ſur cette figure , l'attitude de l'homme qui foule les marches de ſes deux pieds , tandis qu'il ſoutient l'équilibre de ſon corps avec ſes mains aux tringles *a* , *a*. Pour adapter cette mécanique aux grues , on prolonge les deux fiches F , F ; ſavoir celle en dehors juſqu'au bas des pédales , afin de pouvoir y emmancher la piece de bois qui porte la *marchure* ; l'autre fiche , prolongée juſques ſur un rouet horizontal G , ſoutient un rouleau conique qui porte ſur le rouet , & diminue conſidérablement les frottemens qu'occaſionne la peſanteur de la queue de la grue , ſur-tout lorſqu'elle ne porte aucun fardeau.

Un des avantages de cette grue, qui mérite une conſidération particuliere , eſt que les hommes , quoique faiſant ſans ceſſe effort à la tangente de la roue & agiſſant toujours ſur le plus grand levier, font néanmoins, par leur pofition, à l'abri des dangers dont cette efpece de grue n'eft pas exempte, foit que le cable vienne à caffer, foit que la pierre mal *brayée*, ou la *louve* mal mife, vienne à tomber. Dans ce cas, les hommes font retenus en l'air fur leurs pédales, attendu qu'on a pratiqué aux deux tringles un épaulement au-deffus du bâtis entre lequel elles coulent, qui les empêche de defcendre trop bas.

GRUAU A PÉDALES.

La grue que repréfente la planche **VII** a été préfentée par le fieur Berthelot à l'Académie Royale des Sciences, qui a donné fon approbation à cette machine dans les termes les plus honorables. Ce feroit abufer du loifir des Lecteurs, que de la rapporter ici : on fe contentera de dire que l'Académie a reconnu qu'elle met les Ouvriers à l'abri des dangers des grues ordinaires; que la puiffance eft augmentée *par la longueur du levier par lequel il* (l'Ouvrier) *agit, au lieu que dans les grues ordinaires, les travailleurs agiffent dans une direction fi approchante de la ligne verticale, qu'une grande partie de leur pefanteur eft inutile.* Elle finit par defirer que les Carriers fe déterminent à employer le principe qui la fait mouvoir.

A, A, A, A, font les quatre pieces de charpente qui fervent d'empattement au gruau. Sur cet empattement s'élevent deux poinçons B, B, qui portent les volées C, C, que l'on a doublées ici pour hâter le fervice dans un bâtiment, en profitant de toute la force que donnent à la roue D les pédales E, E. On peut, pour multiplier le fervice de cette machine,

Pl. VII.

placer la corde fur le treuil de maniere qu'un bout fe développe tandis que l'autre s'enveloppe ; par ce moyen , on rendra
le fervice de ce gruau continu : mais il faut pour cela adapter
aux tringles *a*, des mantonnets en fens contraire aux précédens ,
ce qui fait quatre pour les deux. Chaque mantonnet eft mobile
à charniere, & peut , *au moyen d'un cliquet*, fe loger dans
l'épaiffeur de la tringle. Ainfi , lorfqu'on veut que la roue à
chevilles tourne en fens contraire , on tire une petite corde
correfpondante aux deux mantonnets qui viennent de fervir ;
ils entrent dans l'épaiffeur de la tringle , & ceux qui doivent
fervir en fortent , & alors les chevilles de la roue font prifes de
bas en haut , ce qui la fait rétrograder.

Il feroit à propos de contre - buter les poinçons par des
contre-fiches qu'on n'a pas repréfentées ici pour laiffer mieux
voir la roue à chevilles. Leur écartement eft fixé par une entre-
toife F , au milieu de laquelle font placées trois pieces de
bois, entre lefquelles paffent les deux tringles que font hauffer
& baiffer les pédales. On met entre ces tringles , comme aux
machines précédentes , une poulie qui porte une chaîne de
fer , dont les extrémités font fixées aux tringles pour les faire
lever alternativement quand l'autre baiffe. Et pour qu'elles ne
puiffent monter trop haut, ce qui , en faifant defcendre les
pédales trop bas , fatigueroit l'homme qui y eft placé , pour
porter fon pied fur celle qui vient de s'élever , on a pratiqué
à chaque tringle un épaulement qui va buter fous la piece.
Les tringles font fixées à charniere dans les bouts des leviers
b, b, arrêtés par un boulon au petit montant *c*. A chaque
tringle eft fixé un cliquet ou mantonnet , qui , pofant fur une
cheville , force la roue de tourner quand l'homme , par le

poids

poids de son corps, fait baisser la marche. *d*, *d*, sont les rampes auxquelles l'homme se retient dans le travail, ce qui facilite beaucoup son mouvement d'oscillation.

Comme on n'a doublé ce gruau que pour faire sentir tout le service qu'on en peut tirer, on peut très-aisément le construire simple ; & alors un poids, même considérable, sera enlevé avec la plus grande facilité.

MOUTON A BATTRE LES PILOTIS.

La planche VIII représente une machine à enfoncer les pieux pour les pilotis, qui a été exécutée en grand. Les expériences ont été faites, en donnant d'abord au pendule cinq pieds de rayon, & le portant successivement jusqu'à douze pieds. Le poids, qui n'étoit d'abord que de cent livres, a été porté jusqu'à douze cents, pour connoître sûrement les avantages qu'on peut tirer de ce moteur.

Pl. VIII.

L'invention de cette machine a été disputée au sieur Berthelot par MM. Arnoux & de Solignac. Le sieur Berthelot n'entrera pas ici dans le détail des raisons sur lesquelles il est en état de fonder la priorité de son invention : il invoquera, pour l'établir, un témoignage d'autant plus respectable, qu'il lui a été rendu par une Compagnie dont tous les travaux tendent à la perfection des Sciences & des Arts, & dont les regiſtres font un dépôt précieux des découvertes les plus avantageuses.

Jugement de l'Académie Royale des Sciences.

« La contestation sur l'invention, ou sur la priorité d'inven-

» tion de ce moulin, n'eſt pas ſeulement entre les ſieurs Arnoux
» & de Solignac ; le ſieur Berthelot , Mécanicien, ſoutient auſſi
» avoir de juſtes droits pour la réclamer , & M. de Solignac
» avoue dans ſon Mémoire, ainſi qu'il nous l'a déclaré pluſieurs
» fois , qu'il doit à ce dernier la premiere idée de l'appli-
» cation du pendule aux moulins à ſucre & à bled , pour les
» faire mouvoir.

» *Cette idée m'eſt venue* , dit-il , *en examinant ſur le Rempart*
» *la machine par laquelle le ſieur Berthelot faiſoit voir quelle*
» *force un pendule en mouvement peut avoir pour faire mouvoir*
» *certains fardeaux.*

» A cet égard , quoiqu'on ne puiſſe pas diſconvenir qu'on
» ait employé le pendule depuis long-temps pour communiquer
» du mouvement à des machines , il ſemble qu'on ne peut
» diſputer au ſieur Berthelot d'avoir réveillé l'attention du
» Public ſur cette maniere d'employer la force motrice, en
» mettant ſous ſes yeux des applications variées du pendule à
» différens moulins & machines. C'eſt un point ſur lequel nous
» avons déjà inſiſté dans le rapport du ſieur Arnoux : nous
» pouvons ajouter même que le ſieur Berthelot a préſenté à
» l'Académie , il y a près de deux ans , de petits moulins à
» bras , dans leſquels on retrouve cette même mécanique pour
» changer un mouvement alternatif en un mouvement continu,
» & dans lequel nous avons dit que conſiſtoit le principal
» mérite de l'application du pendule aux machines ; elle eſt
» préciſément la même que celle qu'y a employée le ſieur Arnoux.
» Enfin , dans la machine que faiſoit voir M. Berthelot ſur
» le Rempart, les deux hommes qui entretenoient le mouve-
» ment du pendule le faiſoient exactement de la même maniere

» que le font ceux qui font mouvoir le moulin du fieur Arnoux,
» & que ceux qui feront agir celui de M. de Solignac, s'il n'y
» emploie des leviers.

» Nous n'en dirons pas davantage fur ce fujet; mais nous
» avançons qu'il étoit néceffaire, en parlant du moulin à bled
» préfenté par M. de Solignac, de mettre fous les yeux de
» l'Académie le précis des faits qui font venus à notre
» connoiffance, fur la conteftation qui s'eft élevée au fujet
» du véritable & du premier inventeur de cette forte de
» moulin, &c. &c «.

Conforme à l'original ; fait à l'Académie le 24 Juillet
1772. *Signés* De la Lande, Le Roy, Bossut, de
Fouchy.

DESCRIPTION DE LA MACHINE.

A, A, A, A, font quatre pieces de bois affemblées à tenons
& mortaifes, qui forment le fol de la charpente. B, B, B, B,
quatre forts montans affemblés par le haut par les traverfes
C, C, C, fur la largeur de la machine (la quatrieme ne peut
être vue), & par celles D, D, fur fa longueur. E, E, E, E, font
deux croifées qui fervent d'arc-boutans, & contiennent la
charpente contre les efforts du pendule.

Aux deux traverfes d'en bas A, A, & fur la largeur de la
machine, eft affemblé un petit bâtis compofé des trois pieces
a, a, a, de chaque côté, fervant de couches ou patins. Sur
la traverfe de chaque bout, s'élevent quatre montans, dont deux
à trois ou quatre pieds feulement, pour porter le petit efcalier
qu'on voit fur cette figure ; & deux autres, H, H, H, H, de

la hauteur de la machine , affemblés par le haut au moyen de l'entre-toife F , F. Ces deux montans font écartés l'un de l'autre d'environ trois pouces pour donner paffage aux queues du mouton , dont on parlera bientôt. Chacun de ces montans eft encore affujetti par le moyen des traverfes G, G, G, G, &c, favoir deux à la hauteur de l'homme qui eft fur le marche-pied, & qui s'affemblent dans les montans B , B , & dans ceux H , H , &c.; & deux autres, prefqu'en haut, s'affemblent fur les mêmes montans H , H, &c.; & fur les traverfes C, C, au haut de chaque couple des montans B, B, repofe une bafcule I, I, fur deux tourillons de fer K , K , retenus en leur place par des brides ou colliers de fer attachés fur le champ des montans. Ces tourillons font tournés par l'extrémité où ils repofent fur les montans, & quarrés au milieu. Ils entrent jufte dans la bafcule, & font de plus retenus par des plaques de fer *c* , *c*, qui, en embraffant la bafcule , fervent en même temps à la fortifier en cet endroit. Chaque bafcule porte à un bout une poulie *d* , *d* , dont on verra l'ufage plus bas. A l'autre bout, eft un mantonnet P , P, dont le tenon eft libre dans la mortaife , afin que , quelque pofition que prenne la bafcule, ce mantonnet foit toujours vertical , & puiffe accrocher l'ancre L.

Cette ancre eft formée d'un fort morceau de bois , ainfi que fa tige qui fe prolonge jufqu'en M : elle eft portée par un arbre de fer, dont les tourillons roulent fur les deux barres D , P, au milieu de leur longueur. Un collier de fer retient cet arbre à fa place. Au bout de la tige de l'ancre, eft emmanchée très-folidement une tringle de fer , laquelle eft fixé à un lourd contre-poids N.

Il faut avoir attention, en conftruifant cette machine, d'en déterminer les dimenfions de façon que le pendule puiffe décrire un arc entre les points *e, a, e*, fans toucher à rien.

Sur les traverfes C, C, (on n'en voit qu'une), eft un petit montant qui porte deux poulies dont voici l'ufage. Celle d'en haut *f*, porte une corde qui va paffer fur une autre poulie à laquelle la plaque *c*, qui fixe le tourillon fur la bafcule, forme une chappe entre elle & la bafcule. Cette corde va enfuite paffer fur la poulie *d*, qui eft au bout de la bafcule, & eft enfin fixée par le bout au mouton O.

La même corde, en fortant de la poulie *f*, va par l'autre bout paffer fur celle *g*; puis defcend jufqu'au bas de la machine, où elle trouve une autre poulie *h* fur laquelle elle paffe, & remonte fe fixer au bas du mouton.

Le même montant C porte à fon extrémité inférieure une poulie fur laquelle paffe une corde dont un bout eft attaché aux mantonnets P, P; l'autre bout eft dans les mains de chacun des hommes dont voici l'exercice.

L'un des deux donne avec fon pied l'impulfion au pendule L, M, N, qui, décrivant l'arc *e, a, e*, accroche un mantonnet P, & le fait baiffer. La bafcule leve par le bout *d*, & emmene avec elle le mouton O. La forme arrondie des pointes de l'ancre L, facilite fon échappement de deffus les mantonnets, lorfque, comme dans cette figure, elle eft arrivée au plus bas poffible : mais fi cet échappement éprouvoit quelque difficulté, l'homme tirant la corde qu'il a entre les mains, le détermineroit très-aifément ; alors le mouton abandonné à fon propre poids, tombera fur le pieu. Mais le mouvement du pendule étant alternatif, on voit qu'à chaque ofcillation il

y a deux coups de mouton , puifque la machine eft double ;
c'eft pour cela qu'il faut entendre des deux côtés , ce que
j'ai dit d'un feul.

AUTRE MOUTON A BATTRE LES PIEUX.

Pl. IX.

Le mouton que repréfente la planche IX eft mis en mouvement par un pendule comme le précédent ; mais la mécanique
qu'on y a employée eft différente.

A, A, A, A, A, font cinq fortes pieces de charpente affemblées très-folidement, qui forment la bafe de toute la machine.
Sur cette bafe s'élevent deux montans B, B, à trois pouces de
diftance l'un de l'autre, & formant la couliffe dans laquelle
gliffent les queues du mouton pour en diriger la courfe. Ces
montans font affujettis dans leur écartement au moyen des
contre-fiches C, C; la feconde ne fauroit être vue. A l'autre
côté, & vis-à-vis la couliffe, s'élève pareillement un montant
D, foutenu par deux contre-fiches E, E. Au haut de ce montant
eft une piece de bois N qui forme avec lui un T, fur lequel
repofent par un bout deux traverfes comme on en voit une
en F, & affemblées par l'autre dans les montans formant la
couliffe : ces traverfes font encore foutenues par les pieces de
bois G, G, qui s'affemblent à tenons & mortaifes dans la
bafe de la machine. Au-deffous de ces traverfes, & à la hauteur
où les contre-fiches E, E, s'affemblent dans le montant D,
eft une traverfe *e*, affemblée dans les pieces de bois G, G, fur
laquelle repofe un des tourillons de l'arbre H, dont l'autre entre
dans le montant D. A cet arbre eft fixée une barre de fer
portant un poids I, & formant le pendule. Sur le même arbre

s'enveloppent deux tours de deux chaînes qui y font fixées par leur milieu, en fens contraire l'une de l'autre, & dont les bouts font attachés aux tringles K, K, dont la direction eft déterminée par les pieces de bois L, L, & par la traverfe M dans laquelle elles paffent.

Sur les traverfes F, F, dont la feconde ne peut être vue, s'élevent deux forts poteaux O, O, affemblés par les chapeaux P, P, & dont l'écartement eft fixé par la traverfe M dans laquelle gliffent les tringles K, K, dans des mortaifes de leur dimenfion. Sur ces montans roule l'axe en fer du levier Q, plus long d'un bout que de l'autre, & garni de deux quarts de cercle, fuivant le rayon du point de fufpenfion a, aux circonférences b, b. Ces quarts de cercle font affujettis par les rayons c, c, dans le levier Q; & près du point de fufpenfion eft logée une poulie qu'on ne peut voir, & fur laquelle paffe la corde qui, après avoir paffé fur la poulie d, & dans une rainure pratiquée fur le quart de cercle extérieur, va s'attacher au mouton, de façon que, quand un bout s'enveloppe, l'autre fe développe.

Dans l'angle que forment fur les traverfes F, F, les poteaux O, O, eft un gouffet de bois qui fert de moyeu à l'arbre de la roue T, garnie alternativement fur chaque face, de chevilles qui en débordent l'épaiffeur, & fur la circonférence de mantonnets g, g, &c.: cette roue tourne entre les tringles K, K, & préfente fa circonférence à celle S, & à des mantonnets qui y font fixés très-folidement.

Sur la traverfe e, où repofe l'arbre qui porte le balancier, eft une piece de bois f, ayant une entaille dans laquelle gliffe la tringle S, au haut de laquelle eft fixée folidement une forte courroie par un bout, dont l'autre l'eft au haut du petit quart de cercle.

Jeu de la Machine.

Après avoir expliqué la position, la forme & l'usage de toutes les pieces qui composent cette machine, il ne reste plus, pour la faire comprendre parfaitement, qu'à la considérer en mouvement.

L'espace compris entre le montant D & les contre-fiches G, G, est tel qu'un homme puisse commodément s'y tenir & se mouvoir ; il met le pendule en mouvement : aussi-tôt l'arbre développe un côté de la chaîne qui est fixée sur lui ; & en enveloppe un autre, ce qui fait lever une des tringles K ; & le même développement ayant lieu de l'autre sens, l'autre tringle est abaissée. Dans la longueur de ces tringles est fixé un mantonnet ou cliquet, qui, rencontrant une des chevilles de la roue, la fait tourner, tandis que l'autre tringle en va chercher une autre. Dans ce mouvement circulaire de la roue, les mantonnets qui sont fixés sur la circonférence, prennent un de ceux qui sont sur la tringle S, & la font baisser ; ce qui fait lever la bascule & le mouton : mais la roue, continuant de tourner, laisse échapper la tringle S ; & le mouton, abandonné à son propre poids, tombe sur le pieu V. Ce mouvement est rendu continu par celui du pendule que les hommes entretiennent ; & le pieu est en peu de temps, & avec peu de frais, enfoncé à la profondeur qu'on desire.

AUTRE

AUTRE MOUTON A BASCULES.

La machine que repréfente la planche X eft un mouton femblable au précédent, fi ce n'eft qu'il fe meut par le moyen de bafcules.

A, A, A, A, font les quatre femelles; B, B, font les deux montans qui forment la couliffe du mouton; C, C, font deux contre-fiches qui foutiennent la couliffe, & dont la feconde ne fauroit être vue; D eft le montant de derriere, foutenu par les contre-fiches E, E. Au haut de ce montant eft une piece de bois F, en forme de T, qui porte les traverfes comme celle G, qu'on voit feule; H, H, font les deux montans qui portent la bafcule; I eft cette bafcule avec les deux quarts de cercle; K, K, les tringles qui font mouvoir la roue par le moyen des mantonnets *a*, *a*, dont on ne voit qu'un, l'autre étant caché derriere la roue; L, la tringle garnie de mantonnets, qui, rencontrant ceux qui font à la circonférence de la roue, font lever le mouton; M, la couliffe dans laquelle paffent les tringles K, K; N, celle de la tringle L; O, *e*, deux petites pieces de bois fixées au montant D, & au bout des tringles K, K, fervant à en conferver la direction; P, P, deux autres tringles formant charniere à leur point de fufpenfion, où elles font fixées par un boulon qui traverfe les trois pieces; Q, Q, font les marches avec leurs appuis; R, R, deux autres tringles qui affujettiffent les marches. Au bout des tringles P, P, ainfi qu'à celles R, R, eft une mortaife en enfourchement, dans laquelle, au lieu de tenon, on met deux plaqués de fer boulonnées en

Tome Ier.   E *b , b ,* ce qui eft plus folide qu'un tenon de bois ; S eft le mouton , & T eft le pieu.

Les hommes foulent alternativement les deux marches , qui , ainfi qu'à toutes mes machines à pédales , baiffent parallélement. Si leur mouvement étoit une portion de cercle , il feroit impoffible aux hommes qui feroient aux extrémités , de porter leurs pieds fur la marche relevée , parce que leur diftance, à cet endroit , feroit trop grande. Ils font lever & baiffer les tringles K , K , qui , par leurs mantonnets , rencontrent les chevilles placées alternativement fur les deux faces de la roue ; & comme le mouton tend par fon poids à tomber , un des taquets qui font à la circonférence de cette même roue, fe faifit d'un de ceux qui font fur la barre L , la fait baiffer jufqu'à ce que s'écartant il lâche prife & la laiffe aller. Il faut que la tringle L foit entiérement garnie de mantonnets ; & on n'en place fur la circonférence de la roue qu'autant qu'il en faut pour élever le mouton à fa plus grande hauteur.

AUTRE MOUTON A PÉDALES.

Le mouton que l'on propofe ici eft conftruit fur les principes de la grue dont on a donné plus haut l'explication , & qui a été approuvée par l'Académie Royale des Sciences.

La forme du bâtis qui forme cette machine , eft femblable à celle qu'on a communément adoptée pour faire jouer les moutons. A , A , A , &c. , font les pieces de charpente qui forment l'empattement de la machine : fur la piece de devant , s'élevent deux montans B , B , qui forment une couliffe dans

Pl. XI.

laquelle gliſſent les queues adaptées au mouton : C , C , ſont deux contre-fiches qui ſoutiennent la couliſſe. Sur la traverſe du bout du patin s'éleve une piece de bois D , qui va s'aſſembler dans le chapeau E , & empêche le renverſement de la machine : ſur la traverſe du milieu s'éleve perpendiculairement un montant F , qui s'aſſemble dans la piece D ; G eſt un oreillon de bois , appliqué contre le montant F , & garni d'un pallier de cuivre pour plus de liberté dans les frottemens. A l'oppoſite de cet oreillon eſt percé un trou garni de même, dans un des montans B : c'eſt dans ces deux trous, qu'on place un fort arbre de fer dont les deux tourillons doivent être très-arrondis , ainſi que la partie de l'arbre compriſe depuis la couliſſe juſqu'à quelque diſtance de la roue , après le rochet qu'on y voit. Le reſte de l'arbre eſt quarré , & reçoit le moyeu de la roue H , ſur lequel eſt la détente du cliquet qui engrene dans le rochet. Ce rochet eſt fixé ſur le cylindre ; & quand le cliquet eſt pris dans une de ſes dents , la roue dans ſa révolution emmene avec elle l'arbre & le cylindre comme ſi le tout n'étoit qu'une ſeule piece ; quand le mouton eſt arrivé à ſa hauteur, un homme lâche la détente, & le rochet n'étant plus retenu , la peſanteur du mouton fait dérouler la corde de deſſus le cylindre qui retourne en arriere. Dès que le coup eſt donné ſur le pieu , on laiſſe aller la détente ; le cliquet engrene de nouveau , & le cylindre recommence à envelopper la corde qu'on fait développer de nouveau chaque fois que le mouton eſt arrivé au haut, & toujours de même. Par ce moyen , l'homme qui fait mouvoir les pédales ne ceſſe pas de les faire aller , & le mouvement eſt preſque continu.

E 2

Il faut obferver que dans ce mouton, ainfi que dans tous ceux que je propofe, la corde qui éleve le mouton, va, en fortant de deffus l'arbre, paffer fur une poulie au bas de la machine, & fe fixer enfin au bas du mouton, afin qu'il ne s'en développe pas plus qu'il ne faut.

Il eft inutile de dire qu'il faut proportionner le nombre des hommes à la pefanteur du mouton.

MOULIN

A PILER DIFFÉRENTES MATIERES.

Pl. XII. La machine que repréfente la planche XII fert à piler différentes matieres pour l'ufage de plufieurs arts mécaniques, comme du ciment très-fin pour les Marbriers, &c. Elle eft conftruite fur les mêmes principes que quelques-unes des machines précédentes. J'aurois pu fubftituer les pédales au pendule, ce qui fait voir à combien d'ufages on peut employer utilement l'un & l'autre moteurs.

A, A, A, A, font les pieces de charpente fur lefquelles eft montée toute la machine, & qui en forment la bafe; B, B, C, C, font quatre forts montans qui en forment la cage. L'écartement de ceux B, B, eft retenu par les contre-fiches D, D. C'eft pour les recevoir, que l'une des couches A eft plus longue que l'autre. Les montans C, C, font furmontés d'une forte traverfe ou chapeau E, pour conferver l'écartement de cette partie. La croifée F, F, fert encore à prévenir le déverfement de la machine contre l'effort du pendule. On voit en G, G, des traverfes accouplées, entre lef-quelles fe meuvent perpendiculairement les tringles H, H, H, H,

au bas defquelles font fixés les pilons de fer I, I, I, I,
qui broyent dans les mortiers où ils font reçus. Au milieu des
traverfes d'en haut, & fur celle E, roule un arbre Q, dont
les bouts, réduits à un moindre diametre, font retenus par
un collier de fer cloué fur les traverfes. Sur cet arbre font
fixées deux chaînes de fer par le milieu, dont les deux bouts
font attachés folidement aux tringles K, K, dans deux fens
différens, favoir l'une pardeffous, & l'autre en deffus de l'arbre:
fur le même arbre eft fixé, auffi très-folidement, le levier
du pendule, au bas duquel eft le contre - poids M; fur les
tringles K, K, font fixés deux cliquets ou mantonnets qui
engrenent fur les rochets appliqués fur les deux faces de la
grande roue N: cette roue eft portée fur l'arbre O, dont les
extrémités d'un beaucoup moindre diametre roulent dans les
montans B, B, environ aux deux tiers de leur hauteur. Sur
la longueur du même arbre font placés circulairement des
taquets en quatre endroits, correfpondans aux tringles qui
portent les pilons. A ces tringles, & à la hauteur de l'arbre,
font de pareils taquets mis fens-deffus-deffous, pour rencontrer ceux qui font fur l'arbre. Les rochets qu'on voit fur la
roue N, font de fer, portés fur fes faces, & attachés très-
folidement: au bas des tringles K, K, & pour conferver
leur pofition fur les rochets, font de petites tringles P, P,
qui font charniere avec les grandes, & roulent fur un boulon
qui les traverfe, ainfi que la piece de bois qu'on voit entr'elles, & qui eft fixée fur la traverfe de derriere G. Ces
traverfes G, G, font efpacées convenablement pour laiffer
paffer librement celles H, H; & pour empêcher que
celles - ci ne varient fur la largeur, on y place de petites

entre-toifes à tenon ou à boulon, comme on les voit en
a, *a*, *a*, &c.

Si l'on fait mouvoir le pendule L, les chaînes qui enve=
loppent l'arbre Q, forcées de tourner avec lui, élevent une
tringle K en même temps qu'elles font baiffer l'autre : les
cliquets qui font fur ces tringles preffent fur les dents des
rochets alternativement, & contraignent la roue N de tourner.
Celle-ci, fixée folidement fur l'arbre O, l'emmene avec elle :
les taquets qui font fur fa circonférence, rencontrant ceux qui
font derriere les tringles H, H, &c., les font lever, jufqu'à ce
qu'en continuant leur révolution elles les laiffent échapper ;
alors le pilon, abandonné à fon propre poids, tombe dans
le mortier qui l'attend, & broie ce qu'on y a mis.

MARTINETS POUR LES GROSSES FORGES,

MUS PAR LE MOYEN DU PENDULE.

Pl. XIII.

C'eft fur les principes de la machine précédente que celle-ci
eft conftruite. Je ne me fuis déterminé à préfenter les mêmes
moteurs, appliqués à différens ufages, que pour faire voir
combien de reffources les Arts peuvent tirer des moyens les
plus fimples, & qui en paroiffoient le moins fufceptibles ;
c'eft auffi dans la perfuafion où je fuis que beaucoup de perfonnes,
très-capables d'ailleurs de tirer le plus grand avantage d'une
invention qui leur eft offerte, & d'y faire des corrections très-
utiles, n'ont pas reçu de la Nature le talent d'inventer. Et qu'on
ne croie pas que je veuille diminuer rien de leur mérite ! S'il
eft des genies heureux & privilégiés qui ont le talent de créer ;
ceux qui, profitant des découvertes fouvent imparfaites, favent

les porter au point de perfection où leur utilité les rend d'un
ufage univerfel, me femblent mériter tout autant de leurs Conci-
toyens. Vaucanfon nous a fait voir fon automate avec fes imper-
fections , & nous avons été ftupéfaits : mais Julien le Roy a
porté l'horlogerie à un degré qu'il femble à peine poffible
qu'elle puiffe paffer.

La machine repréfentée par la planche XIII eft propre à
l'ufage des groffes forges, dans les endroits où l'exploitation
de la mine, jointe à la facilité du tranfport du charbon , feroit
defirer de pouvoir établir des ufines ; au lieu que le moyen
dont on fe fert communément pour faire mouvoir les martinets
étant les courans d'eau , quand ce courant eft éloigné de la
mine ou d'une forêt, les Entrepreneurs, excédés par la dépenfe
des charrois , abandonnent fouvent une exploitation qui , fans
cela , auroit pu être très-avantageufe. On peut , par le moyen
d'une feconde machine femblable, faire mouvoir les foufflets
de la forge ou ufine, en changeant quelque chofe à la difpofition des leviers qui portent les martinets ; on fentira plus aifément cette poffibilité, quand j'aurai décrit l'enfemble & le jeu
de la machine telle qu'elle eft ici.

A, A, A, A, font cinq fortes pieces de bois affemblées folidement, qui fervent de patin ou de bafe à la machine. Sur la piece du
milieu s'élevent deux forts montans B , B, foutènus par les
contre fiches C, C, C, C, fur les côtés , & par celles D, D,
fur la longueur de la machine. Au haut des montans eft une
piece de bois ou chapeau G à tenons & à mortaifes. Sur la
bafe , & à la partie oppofée aux martinets , s'élevent deux
pieces de bois E , E, croifées à mi-bois par le haut , qui portent
le petit chapeau E, dont la pofition eft fixée par les deux petites

traverſes H, H, Au-deſſus de ces deux chapeaux eſt un fort
arbre Q à tourillons, qui roule dans une encoche circulaire, &
retenu par des colliers de fer comme on le voit. Je reviendrai
à cet arbre dans un moment.

A-peu-près au tiers de la hauteur de la machine eſt un arbre
de très-gros diametre , dans chaque bout duquel eſt pris un
tourillon qui roule dans les montans B , B; à droite de cet arbre,
& preſqu'à ſon extrémité , eſt une roue I, d'un diametre environ
trois fois plus grand que l'arbre , portant ſur chacune de ſes
faces une roue à rochets : cette roue , ainſi que toutes celles
qu'on a vues dans les autres machines, eſt fixée ſur l'arbre au
moyen de barres fixées à force dans l'épaiſſeur de l'arbre, &
entrant à tenons dans la roue. Au-devant de la machine eſt
une piece de bois, aſſemblée à gauche dans la contre-fiche C ,
& à droite portée ſur le montant L , qui lui-même eſt aſſujetti
par la petite contre-fiche M, fixée ſur la piece N. La longueur
de la piece de bois K eſt diviſée en quatre diſtances égales par
les couples de montans O , O , O , &c., entre leſquels paſſent
librement les tiges des marteaux P , P , P , P : ces tiges ſont
fixées entre les montans O , O , &c., par de forts boulons de
fer, pour former la baſcule. Vis-à-vis du bout des tiges, ſont
fixés ſur l'arbre des taquets de bois , qui , dans la révolution
de l'arbre, rencontrant le bout des leviers , les ſont baiſſer.
Sur l'arbre Q ſont deux chaînes dans un ſens oppoſé, fixées
toutes deux ſur l'arbre par le milieu; leurs quatre bouts ſont
fixés ſur les tringles R , R , de façon que quand l'une eſt forcée
de deſcendre, l'autre eſt néceſſairement relevée. On ſent qu'une
ſeule chaîne ne pourroit opérer ce double mouvement ,
car l'une ſeroit bien forcée de baiſſer : mais le ſeul poids de
l'autre

l'autre la feroit rester en bas, si l'autre chaîne qui s'enveloppe sur l'arbre en sens contraire, ne la rappelloit en haut. A l'arbre est fixée aussi une longue barre de fer S, avec un fort poids T au bout, pour servir de pendule.

Jeu de la Machine.

Le pendule étant porté d'un côté, fait tourner l'arbre : celui-ci enveloppe une chaîne pardessus, qui fait lever une tringle ; & l'autre pardessous, qui fait baisser l'autre : ce même mouvement se répete à chaque allée & venue du balancier. Sur ces tringles sont des taquets ou cliquets, qui, rencontrant une des dents du rochet, font tourner la roue I. Quand la premiere tringle est élevée au plus haut point où elle puisse parvenir, l'autre tringle a, en baissant, été prendre une dent du rochet opposé ; & quand elle va relever, elle fera faire une partie de tour à la roue. L'arbre tournant avec celle-ci, les taquets, dont il est garni, font baisser la queue des tiges des marteaux, qui abandonnés à leur propre poids, quand le taquet cesse d'avoir prise, tombent sur l'enclume ou *tas* V, V, V, V, qui est sur un billot scellé solidement en terre. La forge peut être très-près de cette machine pour y porter aisément le fer. Les soufflets peuvent, comme je l'ai dit plus haut, être mus par la même mécanique : ainsi l'obstacle, qui jusqu'ici s'est opposé à l'exploitation des mines situées dans des endroits élevés & privés des rivieres, n'arrêtera plus des entreprises que cette considération a fait suspendre. Pour peu qu'il y ait à proximité quelque forêt, le charroi du charbon sera de peu de conséquence : mais jusqu'ici la nécessité d'un

courant d'eau, qu'on a feul employé à faire mouvoir les foufflets
& le martinet, a déterminé à entreprendre ou à abandonner
une mine, dont le propriétaire auroit tiré de très-grands
avantages.

Il faut avoir foin de baiffer la queue des marteaux, afin
qu'il n'y ait que celui dont on a befoin qui fe meuve ; fans
cela tous les autres fe briferoient en peu de temps. On peut
fe fervir pour cela de chaînes de fer ayant un anneau par en-
haut, & fixées folidement en terre, ou tout fimplement en
foutenant le marteau avec une tringle de bois pardeffous, qui
empêche la queue d'accrocher les taquets. On peut remarquer
que les quatre marteaux font différens les uns des autres : le
premier qui eft levé, a la panne en face, & fort mince; le
fecond l'a de côté, & très-mince ; le troifieme l'a du même
fens, & épaiffe ; enfin le quatrieme l'a en face, & épaiffe:
c'eft au Forgeron à fe fervir de l'un ou de l'autre, felon
le befoin.

MARTINETS ET PILONS A PÉDALES.

Le deffein que j'ai annoncé dans l'article précédent de
faire voir toutes les applications qu'on peut faire du moteur
à *reprifes* que donne la roue à rochets, m'a encore déterminé
à fubftituer les marches à la bafcule, pour les martinets & les
pilons dans une même machine.

On fait que les différens métaux font, dans la mine, très-
étroitement unis avec différentes efpeces de terres ; argilleufes,
cuivreufes, pyriteufes, arfenicales, &c. C'eft une des opéra-
tions préliminaires à la fonte, que de broyer la mine ; c'eft

pour cela que j'ai joint aux martinets les pilons que j'ai plus haut repréfentés à part. Il ne faut pas croire cependant que les pilons & les martinets puiffent fe mouvoir enfemble : les marteaux frappant à vuide feroient bientôt brifés, ainfi que les *tas* fur lefquels ils frappent : il n'y a donc que celui dont le Forgeron a befoin qu'on fait mouvoir ; on arrête la queue des autres : mais cela n'empêche pas que les pilons ne puiffent aller tous, en ayant foin d'arrêter le marteau dont on s'eft fervi, dès que la *chaude* eft donnée. C'eft ce que repréfente la planche XIV.

A, A, font deux très-fortes pieces de bois affemblées, par leurs extrémités, dans celles B, B; celle à gauche ne peut être vue. Sur ces dernieres s'affemblent trois forts montans C, C, C, furmontés d'une autre piece de bois D, où paffent les queues des pilons. A gauche de la machine font deux montans C, C, affemblés fur l'empattement B qu'on ne voit pas ; & retenus par le haut, par la traverfe D. Celle E vient en retour d'équerre pour déterminer la pofition des tringles de bafcules. La barre F tient d'un bout au petit poteau G, & eft retenue par l'entre-toife H, & folidement affemblée à tenons & mortaifes aux pilaftres I, I, I, I, I, qui font fixés fur le patin A. A chacun des quatre pilaftres eft une entaille fur leur longueur, dans laquelle eft le point de fufpenfion des tiges des martinets qui y font fixés par un fort boulon de fer. Les pédales K, K, font conftruites comme toutes celles qu'on a vues jufqu'à préfent : ce font deux tringles de bois au haut defquelles eft un ravalement ou diminution de groffeur, afin que l'épaule-ment qu'on y voit, s'arrêtant fous la traverfe E, ne puiffe monter trop haut, & ne force pas l'homme qui met la machine

Pl. XIV.

en mouvement, à lever les jambes trop haut pour aller chercher la marche : mais afin auſſi que la marche qui baiſſe ne
deſcende pas trop bas, il eſt néceſſaire de placer entre les
deux tringles, & en-deſſus de la traverſe E, une poulie d'un
auſſi grand diametre que peut le permettre l'écartement des
tringles, ſur laquelle paſſera une chaîne dont les bouts ſeront
fixés aux tringles : ainſi elles ſe rappelleront l'une l'autre. Les
pédales ſont fixées à des barres de bois L, L, qui conſervent
la poſition des tringles près de la roue, & en empêchent
l'écartement. Sur la face intérieure des tringles ſont fortement
attachés deux crochets de fer dont le bout, qui ſaiſit les dents
des rochets, eſt fendu ſur la largeur, afin qu'il n'y ait que
le milieu qui les accroche ; & les deux joues qui excedent,
gliſſent ſur les côtés des rochets : par ce moyen, le crochet
ne ſauroit varier d'un côté ni de l'autre. Je crois inutile de
m'arrêter à décrire la poſition & le jeu des pilons : ce que
j'en ai dit, en expliquant la planche XIII, ſuffit ; je prie le
Lecteur de s'y reporter.

J E U D E L A M A C H I N E.

Lorſque les hommes deſtinés à faire mouvoir la machine
mettent le pied ſur une marche, la tringle K baiſſe ; le
crochet qui y eſt fixé repoſe ſur une dent du rochet ; & pendant
ce temps l'autre marche, relevée par celle-ci, va conduire le
crochet ſur une dent au ſommet de la roue, ou au plus haut
où il puiſſe atteindre ; & la roue, ainſi repriſe, tourne d'un
mouvement uniforme. L'arbre, dans ſa révolution, étant
garni de taquets ſur ſa longueur, accroche les queues des

martinets en même temps qu'il fait lever les pilons par le même moyen qu'on a vu dans la planche précédente. Je n'infifterai pas plus long-temps fur les détails de cette machine : celles qu'on a vues jufqu'ici fuffifent pour en donner une intelligence complette.

MOULIN A DÉBITER LES BOIS.

On ne s'eft fervi jufqu'à préfent, pour débiter les bois en planches & en membrures, enfin tous les bois de menuiferie, que de moulins très-ingénieux fans doute & très-expéditifs, mais qui font mus par le fecours d'un courant d'eau ou par le vent. Mais cette méthode n'eft pas praticable par-tout; il faut que la Nature procure un courant d'eau, ou bien conftruire un moulin à vent exprès : encore ne fauroit-on s'en fervir dans tous les temps & dans tous les lieux. Souvent les arbres d'une forêt en exploitation, qui donneroient le meilleur bois, font fur des montagnes & dans des endroits inacceffibles, fur lefquels on aime mieux les laiffer périr que d'entreprendre de les conduire aux moulins, parce que les chemins étant fouvent impraticables pour des maffes auffi énormes, les frais de tranfport ne feroient pas couverts par le produit net. Auffi voit-on plufieurs Provinces de France, dans lefquelles les charrois excedent de beaucoup le prix du bois, qu'alors on confume prefque tout en chauffage.

Perfuadé que ce feroit un fervice important pour les propriétaires, que de leur procurer les moyens de débiter leurs bois, j'ai imaginé le moulin que je vais décrire, & qui a l'avantage de fe démonter très - aifément, & de pouvoir être monté en très - peu de temps dans les endroits les plus inacceffibles.

Forcé par les dimenfions de mes Gravures , & ne voulant point les multiplier fans néceffité , j'en ai ufé dans la planche XV, comme dans beaucoup d'autres de cet Ouvrage. J'ai fait deffiner & graver la machine fur un modele en petit que j'ai exécuté moi-même : c'eft pourquoi , daus l'exécution en grand , on pourra fimplifier à quelques égards la conftruction de plufieurs de mes machines. Par exemple , on voit celle-ci montée fur fix piliers ou poteaux. Cette machine peut très-commodément être pofée à terre fans aucun pilier ; on en fera quitte pour creufer une efpece de foffé affez grand pour laiffer paffer le balancier qui doit être d'un fort grand rayon.

Description de la Machine.

Pl. XV.

A eft une des quatre pieces de bois fervant de bafe à la machine, on ne voit que l'extrémité des trois autres ; B , B , &c. , font les piliers fur lefquels on peut la faire porter ; on n'en voit ici que deux : C , C , font deux montans à couliffes, dans lefquels gliffent les châffis qui portent les fcies ; D , D , font les châffis des fcies ; E eft la traverfe ou chapeau qui conferve l'écartement des deux montans C , C ; F eft un arbre qui roule à tourillons dans les deux oreillons *a* , *a* , attachés fur les montans C , C. La traverfe d'en-haut de chaque fcie eft armée de deux forts pilons à œil , dans lefquels font fixées des cordes en fens contraire , l'une pour faire remonter la fcie, l'autre pour la forcer à defcendre. La corde qui fait baiffer les fcies eft attachée à un montant fixé fur le haut du châffis

qui les contient, & qui, quand le cylindre tourne de l'autre
fens, le fait defcendre de la même maniere que la plupart des
machines précédentes. Chaque châffis contient un plus ou
moins grand nombre de lames de fcie, felon l'épaiffeur qu'on
veut donner au bois à refendre. Il faut augmenter le poids
du pendule en proportion, ainfi que le nombre des hommes.
Les lames font retenues par des tiges à vis, ayant des écrous
en-deffus & en-deffous du châffis. Sur chaque couple de pieces
de bois, comme celle A, gliffe à feuillure un châffis G, G,
fur lequel repofe la piece à refendre ; favoir pardevant fur
la traverfe même du châffis, dans l'épaiffeur de laquelle les
lames de fcie ont la faculté d'entrer, pour être au-devant du
bois quand on commence à fcier ; & parderriere fur une
autre traverfe, fur laquelle elle eft affujettie au moyen des deux
chevilles de bois b, b. C'eft mal-à-propos qu'on a repréfenté
une feconde traverfe fur le châffis mobile, avec deux montans
comme pour maintenir le bois en fa place; le Lecteur eft
prié de n'y avoir aucun égard. Au-devant du châffis eft une
double poulie d, dont la chappe tient au châffis même ; une
corde, fixée par un bout au bâtis immobile, paffe fur une des
poulies d, vient paffer fur une poulie dont la chappe eft
vers I, va repaffer fur la feconde poulie d, & vient enfin fe
fixer fur un arbre qu'on ne fauroit voir, & qui paffe fous la
piece de bois I. Cet arbre porte, à fon extrémité extérieure,
une grande roue à rochet L, dont la deftination eft de faire
avancer le châffis horizontal G, & la piece de bois M, par
le moyen que voici. A un des montans du châffis de la fcie,
qui regarde la roue L, eft fixée une tringle de bois à charniere
en e, garnie à fon extrémité d'une fourchette de fer dont

les deux joues glissent sur les deux côtés du rochet , & le milieu entre dans les dents. Quand la scie monte, la fourchette recule & prend une dent du rochet : lorsque la scie baisse , elle pousse le rochet , qui , faisant tourner l'arbre sur lequel elle est fixée , fait avancer le châssis G & la piece de bois M; & de peur que , quand la scie remonte & le crochet f recule, la roue ne s'en retourne , il y a en g un cliquet, qui, par son propre poids, tombe sur les dents du rochet, & l'empêche de rétrograder.

Cette machine est mise en mouvement par le moyen du pendule N , attaché très-solidement à l'arbre F. Je n'ai expliqué les effets que d'une scie, quoiqu'on en voie deux ici; on pourroit même en mettre davantage sur la largeur : mais ce que j'ai dit de l'une doit s'entendre de la seconde , à cette différence près , que dans la figure une piece de bois avance dans un sens & l'autre dans l'autre.

On voit que cette machine est peu dispendieuse , & peut aisément être démontée , portée & remontée par-tout : par ce moyen , le bois débité à tous *échantillons* est d'un facile transport jusqu'aux rivieres , où on peut l'assembler en trains & le flotter à sa destination.

Il y a long-temps qu'on se plaint avec raison d'un commerce très-lucratif que les Hollandois nous ont enlevé , & qu'ils ne doivent qu'à leur industrie : voici ce que c'est. Les Hollandois vont, sur les montagnes des Vosges & dans l'Auvergne, acheter à très-bon compte les plus beaux bois qui y naissent : ils les conduisent chez eux, où ils les conservent dans l'eau en *grume* , c'est-à-dire, les arbres tout entiers; ils les font débiter selon différens échantillons , & c'est ce bois qu'on nomme bois

de

de Hollande, quoique ce foit du bois de France : mais voici ce qui en fait le mérite.

Les Naturaliftes ont obfervé que les arbres font formés par un affemblage de couches circulaires & concentriques à un point qu'on nomme moëlle , & qui n'eft prefque pas apparent dans le chêne ; que du centre à la circonférence, il part des rayons qu'ils ont nommés productions médullaires , & que les Ouvriers nomment *maille* du bois. Trancher le bois dans un autre fens que celui de la maille , eft , d'après les obfervations, lui ôter une partie de fa confiftance : c'eft ce qui a déterminé les Hollandois à le débiter de maniere que la maille fe trouvât à-peu-près perpendiculaire à la fuperficie des pieces de bois ; & cet ufage , connu de tous les Ouvriers , a fait préférer le bois de Hollande à celui de nos fenderies. Il eft vrai qu'il y a , par cette méthode , un peu de perte , qui eft le prifme qui fe trouve vers le cœur : mais le prix exceffif de ce bois dédommage amplement du déchet qu'on y éprouve. Il n'eft pas concevable que nous n'ayons pas encore porté nos vues de ce côté , & qu'on n'ait pas entrepris de fuivre une méthode qui produit le bois de menuiferie le plus eftimé ; d'autant que le prix énorme , auquel il eft porté , n'eft que celui de l'induftrie, & que ce n'eft autre chofe que notre propre bois , vendu à très-bon marché, qui va recevoir chez nos voifins une façon que nous pourrions aifément lui donner , & qu'on nous revend enfuite au poids de l'or. Puiffe cette digreffion , dictée par l'amour de mon Pays, qui a feul dirigé toutes mes vues, m'être pardonnée en faveur du motif qui me l'a fait faire ! puiffent tous les Ecrivains fur les matieres économiques , la répéter fans ceffe , & perfuader enfin les Commerçans François de l'avantage

Tome Ier.   G

qu'ils trouveroient à renoncer à une méthode qui ne nous rend que des bois peu estimés !

La méthode usitée en France consiste à équarrir les arbres sur les quatre faces , puis à lever une planche sur chaque côté alternativement : ces planches , ainsi levées , sont plus larges sans doute que celles du bois de Hollande qu'on refend ainsi.

On refend d'abord un arbre en quatre sur sa longueur en passant par le centre , ce qui donne quatre triangles dont la base est circulaire ; on leve au sommet un prisme , & on continue parallélement à lever des planches jusqu'à ce qu'on soit arrivé à la derniere qu'on nomme *dosse*. Une autre raison s'oppose encore à ce que nous ayons chez nous de beaux bois ; c'est que les Hollandois achetent à assez bon compte l'élite des bois , & qu'il ne nous reste que le moins beau. Comment seroit-il possible , par une méthode défectueuse , de trouver dans le rebut de nos bois , des planches qui pussent soutenir la concurrence ?

MOULIN

A BROYER LES CANNES A SUCRE.

Pl. XVI.

Les moulins propres à broyer les cannes à sucre , pour en exprimer le jus , sont connus de fort peu de personnes , parce que cette opération se fait dans les Isles où on cultive les cannes. On fait ordinairement mouvoir ces sortes de moulins par le moyen de chevaux ou de mulets que la fatigue de cet exercice , jointe à la chaleur excessive du climat , épuise en peu de temps. C'est pour remédier à cet inconvénient & diminuer les frais du

travail , que j'ai imaginé de les faire mouvoir par le secours
d'une roue horizontale , à aubes inclinées , comme le moulin
à farine que j'ai décrit précédemment. J'avoue que je n'ai jamais
vu les moulins dont on se sert ordinairement : mais je n'ai
rien négligé pour en prendre une connoissance exacte, de personnes instruites & qui les ont vus. On m'a assuré que l'effort
ou la puissance qu'ils exigent pouvoit être estimé 1500 livres
ou environ. Telle a été la base de mon calcul; j'ai même eu
soin de procurer un excédent de force qui n'est jamais nuisible
en pareil cas. L'expérience que l'on a faite sur les pompes de
Lignieres, que je propose, prouve qu'elles fournissent ensemble
-sept bariques d'eau par minute , pesant 3850 livres , ce qui
fait par seconde 64 $\frac{1}{6}$.

On élevera une colonne d'eau de la quantité ci-dessus, à
sept pieds au-dessus de son niveau , par le moyen des pistons
dont les tiges A , A , sont prolongées jusqu'au - dessus de
l'arbre B. L'eau dégorgeant dans la cuvette C , l'aura bientôt
remplie. Au-dessous du réservoir est un conduit d'un pied en
quarré , incliné à l'horizon , d'environ 45 degrés , au bas
duquel est un robinet pour donner la quantité d'eau dont on
aura besoin : par ce moyen le réservoir restera toujours plein ,
& on aura, d'après les expériences de M. Mariotte, dans son
Traité du mouvement de l'eau , toujours plus de 6 pieds cubes
d'eau, dont chacun pese 70 , formant 420 livres & quelque
chose, à donner par minute sur la tangente de la grande roue E,
que l'on suppose avoir 12 pieds de rayon : & comme les cylindres D , D , D , qu'il s'agit de faire tourner, ont 18 pouces
de diametre , leur rapport à la grande roue est comme 1 à 16;
ce sont donc 16 fois 420 livres ou 6720 livres qui agissent

G 2

ſur les cylindres. Cette puiſſance eſt plus que quadruple des 1500 livres qu'on m'a aſſuré être néceſſaires pour broyer les cannes à ſucre. On pourroit même, ſi cela étoit néceſſaire, augmenter le diametre de la grande roue, & par conſéquent la puiſſance motrice.

Je penſe que ce moulin exige trois fois autant de force motrice que les moulins à bled, attendu que les cylindres tournent beaucoup moins vîte que les meules ordinaires, la réſiſtance qu'oppoſent les cannes & leurs nœuds étant très-conſidérable.

Les trois cylindres qu'on voit ſur la planche XVI tournent ſur leurs axes; ſavoir celui du milieu, enarbré ſur la grande roue même par le prolongement de ſon axe quarré; les deux autres ſont placés ſur la même ligne, à droite & à gauche, à une diſtance peu conſidérable de celui du milieu, pour donner priſe aux cannes. Leurs axes ou tourillons roulent tous trois dans la barre F, qu'on n'a repréſentée ici que relativement à ſa poſition, puiſqu'il eſt très-eſſentiel de lui donner la plus grande ſolidité; & que, comme elle eſt ici, elle n'en auroit pas aſſez, ne tenant à gauche qu'au montant G, & n'étant appuyée que contre la cuvette : il faut donc ſuppoſer que cette cuvette de plomb eſt renfermée dans un fort bâtis de bois de chêne, ſur l'une des pieces duquel cette barre F eſt fixée. Il ſera même bon de contre-buter en tout ſens cette barre, afin qu'elle n'éprouve aucun ébranlement. J'ai ſouvent été obligé, dans mes planches, de ne pas repréſenter toutes les pieces qui ne ſont que de ſolidité, afin de faire mieux ſentir la poſition & le jeu des pieces qui compoſent eſſentiellement mes machines.

On a souvent coutume de mettre au haut de chaque cylindre des engrénages qui en déterminent la rotation : mais je les crois au moins inutiles ; ils augmentent les frottémens , font sujets à des réparations fréquentes , & augmentent en pure perte la dépenfe primitive & l'entretien de la machine. Ne fait-on pas que dans les preffes en taille - douce & dans les laminoirs, il n'y a qu'un cylindre à qui l'on imprime un mouvement direct , & que le fecond eft entraîné par la piece qui paffe entre deux ?

Pour diminuer autant qu'il eft poffible les frottemens de ce moulin , il fera encore bon de tenir les pivots des cylindres auffi petits qu'on le pourra , en ne perdant cependant pas de vue l'effort qu'ils ont à fouffrir. Toutes ces précautions concourront à la perfection de la machine.

La roue de ce moulin ayant 24 pieds de diametre , fera au moins un tour en quatre fecondes , ce qui fait quinze tours par minute. Les moulins , mus par des chevaux, n'en fauroient faire quatre dans le même intervalle de temps , étant attelés au bout d'un rayon de 25 pieds , qui , étant la moitié d'un diametre de 50 pieds, donne une circonférence de 150 pieds $\frac{1}{7}$. Il faudroit qu'ils parcouruffent 600 pieds par minute, ce qui forme 6000 toifes par heure. De tous les animaux de trait , le cheval & le mulet font ceux qui vont le plus vîte : les bœufs, excellens pour le tirage , ne fourniroient pas cette carriere, & les chevaux eux-mêmes ne pourroient y tenir , fur-tout dans un climat auffi chaud que l'Amérique. On peut encore ajouter, pour dernier objet de confidération capable de déterminer à adopter la machine que je propofe , que les animaux dont on fe fert ordinairement , devant être en affez grand nombre pour les relayer souvent , consomment beaucoup de fourrages qui emportent une grande quantité de terrein qu'on destineroit à d'autres productions.

La nécessité de donner passage à la roue motrice , exige qu'on construise au-dessus un plancher I , porté sur de fortes poutres, comme on en voit une en H , assemblées dans les montans K , K , K , K : ces mêmes montans sont assemblés par le haut par les traverses L , L , L , L , sur deux desquelles repose l'arbre B , à un bout duquel sont deux chaînes qui font baisser & relever les pistons , comme je l'ai déjà dit dans plusieurs autres machines ; à l'autre bout est un pendule & son contre-poids , que les hommes , montés sur des marche-pieds comme celui M , dans la ligne que décrit le pendule , mettent en mouvement avec leurs pieds. Au-dessous des cylindres est une plate-forme de bois N , autour de laquelle est un rebord pris dans son épaisseur , & un peu incliné en devant pour déterminer le jus des cannes à venir, par le couloir O , se rendre dans le baquet P, pour être ensuite porté dans la chaudiere dont je ne dois pas m'occuper.

M O U L I N

A M O U D R E D I F F É R E N T E S G R A I N E S.

Pl. XVII.   La planche XVII représente un moulin à moudre de la moutarde , dont le broiement exige peu d'effort , du poivre ou autres.

A , A , A , A , est la base du moulin. Sur cette base s'élevent quatre montans B , B , B , B , dont l'ébranlement est prévenu par quatre liens C , C , dont on ne voit ici que ceux de

devant ; D, D, D, D, font quatre pieces de bois qui forment
le deſſus du moulin ; E eſt une plate-forme quarrée portée fur
le bâtis de la machine , & fur laquelle porte l'archure qui
contient les meules ; F eſt cette archure fur la circonférence
extérieure de laquelle on a , par une ligne, indiqué la hauteur
des meules ; G eſt un canal attaché fur l'archure , par où deſcend
le grain broyé, ou la moutarde, pour tomber dans le baquet O ;
H eſt la trémie dans laquelle on met le grain à moudre ; I eſt
un conduit ou canal qui prend le grain par le fond de la trémie,
& qui, étant incliné, le conduit dans les meules où il entre
par le centre. Comme le grain ne couleroit pas ſi ce conduit
étoit peu incliné, & qu'il couleroit trop vîte s'il l'étoit beaucoup, ce conduit n'eſt pas fixé ſolidement ſous la trémie ,
mais feulement poſé fur une petite corde ainſi que par le bout
qui aboutit aux meules, afin que , fans ceſſe battu par les angles
de l'arbre qui tourne, il détermine le grain à tomber petit à
petit ; c'eſt pour cela qu'il eſt poſé fur une corde lâche, qui
tient aux petits montans K , K. La trémie eſt portée fur les quatre
montans G , G , G , G , à une hauteur convenable. L'arbre L
qui porte la meule tournante, eſt poſé par ſon extrémité inférieure fur une tringle M , qui par un bout a repoſe fur une
petite traverſe b , au bout de laquelle eſt une petite piece de
bois à double enfourchement à angles droits , & qui eſt ſolli-
citée à monter par la tringle X appuyée fur le petit montant
près de a , & qu'on arrête à volonté au moyen de la corde
qu'on voit à ſon extrémité , pour donner à la mouture le
degré de fineſſe dont on a befoin : par l'autre bout, cette
même tringle eſt poſée fur une traverſe N , & retenue entre
les deux petis montans c , c ; cette traverſe, qui poſe fur le

bas de la machine , a la faculté d'avancer & reculer , & par ce moyen , de faciliter la pofition exacte de la meule tournante fur celle qui eft immobile. Cet arbre L , terminé en pointe, roule dans un pallier ou grenouille de cuivre ou de fer *d.*

P , P , font deux barillets ou tambours, dont la mécanique donne le mouvement circulaire & continu aux meules de la maniere fuivante.

A la partie de l'arbre où font les barillets , font fixées deux roues à rochet à-peu-près du diametre intérieur des barillets , placées toutes deux du même fens. En dedans de chaque barillet eft un cliquet , qui prend dans les dents du rochet qu'il rencontre par fa feule pefanteur. Chaque barillet a deux fonds ; chacun eft retenu par une rondelle fur laquelle fon fond gliffe en tournant : cette rondelle eft affujettie par une clavette ou par un écrou. Sur chacun des cylindres eft une corde ou une chaîne, qui l'enveloppe de deux tours dans un fens oppofé à l'autre. Les bouts de cette chaîne font arrêtés fur les traverfes *e , e ,* du châffis mobile Q. Aux mêmes tringles *e , e ,* font fixées deux branches affemblées à la poignée R , & à l'autre bout une feule en S : on en met deux d'un côté pour éviter le déverfement du châffis , qui roule fur les poulies *f, f,* dont les chappes T , T , font fixées fous la barre D à tenons & mortaifes ; & à l'autre bout la tige paffe fur une feule poulie dans le montant V , qui lui fert de chappe.

Lorfque l'homme affis pouffe le châffis ou va-vient , un des deux barillets , dont le cliquet prend dans les dents du rochet , force l'arbre de tourner , & par conféquent la meule mobile; l'autre barillet tourne dans un fens contraire , & le cliquet qu'il porte rencontrant les dents du rochet dans un fens oppofé,

gliffe

glisse dessus, les prend, lorsque l'homme, tirant le châssis à lui, force l'arbre de tourner dans le même sens, tandis que l'autre tambour ira chercher de nouvelles dents du rochet qui lui répond. On n'a représenté sur la figure qu'une des deux chaînes; l'autre n'auroit pas été sensible à cause du châssis.

L'arbre **L** est prolongé à quelques pieds au-dessus de la machine, passe à travers la piece de bois **Y** portée par les montants **Z, Z**, & porte un volant **A, A**, garni de plomb à ses extrémités, qui sert de régulateur au moulin.

On voit par-là qu'un mouvement alternatif peut être appliqué utilement à une machine qui se meut circulairement, & être rendu continu. Le Lecteur intelligent pourra, selon les circonstances, l'appliquer à différentes autres machines & en tirer le parti que son génie lui indiquera : ce moulin a très-bien réussi dans les épreuves que j'en ai faites, & je ne doute pas qu'exécuté en grand il ne réussisse aussi bien.

MOULIN A SCIER LES PIERRES

PAR LE SECOURS DES CHEVAUX.

La planche **XVIII** représente un moulin à scier des pierres par le moyen des chevaux. **A, A**, sont deux longues & fortes pieces de bois sur lesquelles est posée toute la machine. A leurs extrémités sont deux bâtis ou cages qui renferment les pierres & contiennent les scies : ces cages sont en charpente solide. Je pense qu'il est inutile d'en détailler les pieces : la seule inspection suffit pour les faire entendre.

Pl. XVIII.

Tome Ier.   H

Au milieu des pieces de bois A , A , eſt un autre bâtis double , compoſé de quatre montans B , B , B , B , aſſemblés à tenons & mortaiſes dans les couches A , A , & ſurmontés d'un chapeau C , C. Pour rendre ma deſcription plus intelligible , je ne détaillerai que le bâtis antérieur : tout ce que j'en dirai s'entendra de l'autre. A ſept pieds de terre ou environ eſt une traverſe D , aſſez forte pour ſupporter l'arbre E , qui y repoſe par des tourillons de fer ſolidement fixés à ſes extrémités. A quelque diſtance des bouts de cet arbre eſt fixée une poulie à large rainure K , portant à ſa partie intérieure des fuſeaux retenus par un plateau ou *gâteau* de même diametre. Sur ces poulies eſt une chaîne à charnons , dont les bouts , après s'être croiſés pardeſſus la poulie , ſont fixés ſous les tringles F , F , auxquelles je reviendrai bientôt. Sur les traverſes D ſont fixées deux fortes pieces de bois G , G , ſervant tant à entretenir leur écartement , qu'à porter la piece de bois H dans laquelle roule un des pivots de la grande roue dont je vais parler. Cette roue I eſt d'un tel diametre , que les alluchons qu'elle porte viennent engréner dans les portions de lanterne K ; celle de l'autre côté ne ſauroit être vue , on n'apperçoit que les bras de leviers qui font jouer les pompes dont on parlera plus bas. Elle eſt formée par quatre barres accouplées & croiſées deux à deux , aſſujetties au centre ſur un arbre dont le collet eſt quarré , & qui porte deux tourillons ; l'un poſant à terre dans une grenouille ſcellée en maçonnerie , & l'autre , comme je l'ai dit , roulant dans la piece de bois H. Sur la face ſupérieure de la roue ſont des alluchons par parties , c'eſt-à-dire que de ſa propre circonférence , diviſée en nombres impairs , partie en a & partie n'en a pas : par ce moyen, lorsque quatre ou cinq de ces alluchons engrenent dans une lanterne, elle lui fait décrire une portion de cercle ; & comme à l'autre extrémité du diametre il n'y en a pas , rien ne s'oppose à ce que l'arbre ne tourne dans un sens ; & lorsque les premiers seront passés, ceux qui vont se présenter à la lanterne opposée lui feront décrire un mouvement circulaire opposé au précédent , pendant lequel la lanterne qui vient de désengréner ne rencontrant plus d'alluchons, rétrogradera : ce qui produit à l'arbre un mouvement alternatif , qui tirera les tringles F , F , F , F , tantôt dans un sens & tantôt dans un autre; & les scies étant adaptées à ces tringles, iront & viendront horizontalement. Voici comment sont construites les pieces K. Ce sont deux plateaux ou *gâteaux* de bois sur une partie de la circonférence desquels sont des fuseaux pour engréner dans la grande roue. Le surplus est rempli d'une piece de bois qui forme à cet endroit une poulie sur laquelle est fixée l'extrémité de la chaîne qui appelle à droite & à gauche les tringles F , F : ces scies sont montées sur des châssis de bois ; les lames y sont fixées par le moyen d'étriers de fer qu'on peut tendre par des vis , & qui ont la liberté d'être rapprochées & éloignées les unes des autres, suivant l'épaisseur qu'on veut donner aux sciages. Si on vouloit donner un peu plus de course aux scies , on pourroit augmenter d'un à chaque division le nombre des alluchons ; mais il faut toujours avoir soin que chaque division n'engrene dans les lanternes que quand l'autre quitte, sans quoi, y ayant effort opposé en même temps, on casseroit tout , ou bien la machine ne pourroit marcher.

Pour le tirage des chevaux , on attache en-dessous de la

roue de longues barres auxquelles on les attelle ; & comme des expériences réitérées fur le meilleur tirage des animaux de trait ont appris qu'il vaut mieux qu'ils tirent au-deſſous de la ligne horizontale , & que la roue eſt poſée un peu plus haut , afin qu'ils puiſſent paſſer fous les barres G , G , fans y toucher , on attachera à ces barres F une piece de fer qui deſcendra à la hauteur convenable , & on y fixera les palonniers.

Ce n'eſt pas aſſez de donner le mouvement aux fcies ; il falloit encore y conduire de l'eau pour introduire dans les fentes le grès dont on a befoin : c'eſt à quoi j'ai pourvu , en adaptant à l'un des côtés de la machine deux pompes , l'une afpirante pour élever l'eau , & l'autre foulante pour la diſtribuer à droite & à gauche aux fcies. Pour faire mouvoir ces pompes on ajoutera fur l'arbre , contre la lanterne , une croiſée de bois , à deux des bras oppoſés de laquelle on fixera deux tringles L , L , qui auront le mouvement de libration , & qui le communiqueront aux quarts de cercle fixés fur le chapeau C. Deux autres quarts de cercle attachés fur la baſcule *a* , *a* , feront hauſſer & baiſſer les tringles *b* , *b* , qui portent les piſtons dans les corps de pompes M , M. Je n'ai pas repréſenté ici la conduite de l'eau aux fcies : c'eût été charger la planche en pure perte ; chacun peut à cet égard adapter les tuyaux de diſtribution felon la place ou le plus de commodité.

Il ne faut pas croire qu'on ait abfolument befoin d'un puits pour donner de l'eau aux pompes ; c'eût été forcer de ne conſtruire la machine que près d'un puits. On peut fe contenter d'un ruiſſeau ou d'une marre : & fi l'on n'a ni l'un ni l'autre, on peut creufer au bas des corps de pompes une citerne ou autre réfervoir dans lequel fe rendra l'eau des pluies, en leur en facilitant la direction.

Il eft aifé de fentir que les fcies defcendant à mefure que l'ouvrage avance, ne fe mouvront pas long-temps dans la ligne du tirage des tringles F, F, qui elles-mêmes s'incline-ront infenfiblement. Pour que les fcies fe meuvent toujours horizontalement malgré l'inclinaifon des tringles, on fixera celles-ci fur le châffis entre deux montans de fer ou de bois, à l'aide de petits boulons de fer ; ce qui formera une efpece de charniere, & permettra que le mouvement fe faffe toujours à-peu-près parallélement.

MOULIN A BLED

MU PAR DES CHEVAUX.

Pour donner une idée de moulins à bled mus par des chevaux, j'ai fait graver la planche XIX qui en repréfente quatre mus par une feule grande roue à alluchons. Mais pour faire voir quelles font les regles fur lefquelles j'établis mes calculs dans toutes mes machines, je vais entrer dans le détail fuivant.

La grande roue qui mene ce moulin doit avoir le diametre entier du manege où tournent les chevaux. Ainfi, s'ils font attelés au bout d'un levier de 10 pieds, la roue aura 10 pieds de rayon ou 20 de diametre : cette roue étant fuppofée avoir 20 pieds d'un alluchon à celui qui lui eft oppofé, a 60 pieds ou environ de circonférence. La lanterne ayant un pied de diametre du centre d'un des fufeaux à celui qui lui eft oppofé, aura 3 pieds de circonférence, & fera par conséquent 20 tours par chaque tour de roue.

On eſtime communément la force d'un cheval égale à une puiſſance 175^{1} lorſqu'elle eſt continuée : on ne parle pas ici de ſon plus grand effort ; il ne pourroit le continuer. Il peut parcourir 2000 toiſes ſur un terrein plat, ce qui donne 200 pieds par minute.

Le rayon du levier ſur lequel ſont attelés les chevaux étant le même que celui de la roue, & le cheval parcourant 200 pieds par minute, la roue fera 3 tours $\frac{1}{3}$ par minute ; la lanterne & la meule qu'elle conduit feront dans le même eſpace de temps 70 tours. J'ai déjà obſervé qu'une meule de 6 pieds 2 ou 3 pouces de diametre ne doit pas faire plus de 60 tours par minute, pour donner de bonne farine ; ſi elle en fait davantage, elle la brûle. Notre meule aura donc $\frac{1}{7}$ de vîteſſe de plus, que l'on peut diminuer ſur la marche des chevaux : ce ne ſont donc plus que 180 pieds par minute au lieu de 200. Une meule qui fait 60 tours par minute peut moudre un ſetier de bled par heure. J'ai dit que les meules de 6 pieds 2 ou 3 pouces n'exigent que 150^{1} de force continue : mais pour éviter les erreurs, je ſuppoſerai qu'il en faut 250, ce qui fait $\frac{2}{3}$ de force au-deſſus de l'eſtimation commune.

Si un cheval peut faire un effort de 175^{1}, & parcourir 200 pieds par minute, deux produiroient 350^{1}. Si maintenant on ſuppoſe que le moulin exige une puiſſance de 250^{1}, il en reſtera 100 pour vaincre les frottemens, ce qui eſt calculé au plus fort, puiſque ceux du moulin que je propoſe ne réſultent que des pivots de la grande roue, de celui qui porte la meule, la lanterne & l'engrénage de la roue dans cette lanterne , ce qui doit au plus être porté à 50' ; restent donc 50 autres livres au soulagement des chevaux. On peut les occuper à ce travail huit heures par jour en quatre reprises : on aura donc huit setiers de bled. Supposons le prix de la mouture à 1 livre le setier , c'est 8 livres de produit par jour, sur quoi on peut évaluer la nourriture des chevaux à 1 liv. 10 sols chacun, ce qui ne sauroit avoir lieu à la campagne ; c'est pour les deux 3 livres, reste de produit 5 livres. Supposons encore qu'on donne au Meûnier 1 livre 10 sols par jour , & que l'entretien du moulin aille aussi à 10 sols par jour l'un portant l'autre , on voit qu'il restera de produit net 3 livres.

La mise dehors pour l'achat des chevaux ne sauroit être considérable ; car, pour peu qu'ils soient sains , peu importe qu'ils soient aveugles ou borgnes , & dans ce cas ils ne coûteroient pas fort cher.

Comme les chevaux sont sujets à aller quelquefois fort vîte & à ralentir subitement leur marche, & que la meule une fois mise en train continue de tourner même quand la roue cesse de se mouvoir , que d'ailleurs il est possible que les chevaux soient poussés par la grande roue qu'une impulsion donnée à la machine ne sauroit arrêter tout de suite , & que dans ce cas, s'ils résistoient, la machine pourroit être brisée, soit aux lanternes, soit aux alluchons ; on peut remédier à cet inconvénient en faisant tourner librement la lanterne sur son arbre, & y adaptant une roue à rochets dans les dents de laquelle prend un cliquet fixé sur une petite piece de fer attachée sur l'arbre même. Par ce moyen , si les meules continuent de tourner , quand il y a résistance à la grande roue , les lanternes glifferont fur leur arbre devenu immobile ; à-peu-près comme dans les groffes horloges , le rouage de la fonnerie s'arrête fubitement quand l'heure a fonné , & le volant qui en modéroit la rotation continue néanmoins de tourner jufqu'à ce qu'il ait perdu fon mouvement. On verra par l'explication de la planche XXVI, & par plufieurs autres machines dans cet Ouvrage , le parti qu'on peut tirer de cliquets ainfi adaptés pour prévenir divers accidens.

Pl. XIX.

A , A , A , &c. , font les montans de la cage de la machine : je ne m'arrêterai pas à la décrire, parce qu'il fuffit qu'elle foit folide , & que la pofition & la grandeur des pieces qu'on veut y placer en détermineront aifément les dimenfions.

Au milieu de cette machine eft un fort arbre B , formé d'une piece de bois d'un affez fort équarriffage. A-peu-près à trois pieds & demi de terre font quatre leviers C , C , C , C , ou plutôt deux croifées , formant le manege pour les chevaux.

A-peu-près à fix pieds de terre eft un affemblage D , D , D , fur lequel va porter la mécanique ; E eft un des quatre montans qu'on n'a pas repréfentés , pour laiffer voir le jeu des pieces. F eft une traverfe affemblée dans ces montans ; celle de derriere ne fauroit être vue. A chaque angle intérieur de la cage s'éleve un arbre de fer portant des lanternes G, G, G, G, dont la pointe inférieure repofe fur une traverfe qu'on ne peut voir , & roule dans un pallier ou grenouille de fer. Au-deffous de ces lanternes, & fur le même arbre, eft une roue dentée en-deffous, qui rencontre un autre petit lanternon enarbré fur un axe ou arbre de fer ayant deux collets & un

bout

bout quarré pour recevoir le volant de fer H , H , H. On voit en
a , a , a, une des pieces de bois dans lesquelles roulent les
collets de l'arbre dont je viens de parler. L'effet de ces volans ,
garnis de plomb ou de fer aux extrémités , eſt de régler le mouvement des quatre lanternes comme G , G , G , G : ces quatre lanternes ſont miſes en mouvement par la grande roue I , garnie
d'alluchons ſur toute ſa circonférence. Au haut de l'axe des
lanternes ſont deux meules , l'une tournante , l'autre immobile,
contenues dans l'archure K , K , K , & ſurmontées d'une trémie L , L , L , L , dans laquelle eſt le grain à moudre.

JEU DE LA MACHINE.

Les chevaux étant attelés aux leviers C , C , C , C, par
des palonniers , ainſi qu'il eſt d'uſage , la grande roue eſt miſe
en mouvement ; celle-ci rencontrant les lanternes G , G , G , G ,
les fait tourner , & avec elles les meules : mais comme les
chevaux ſont ſujets à ralentir ou à accélérer leur marche , les
volans qui prennent leur mouvement des roues & lanternons
qu'on a placés au bas de ces lanternes , reglent ce mouvement. Enfin , comme il feroit poſſible que les chevaux effrayés,
ou par quelque autre raiſon , s'arrêtaſſent ſubitement , la précaution de placer des rochets au-deſſus des lanternes , dans
un ſens contraire à leur rotation , remédie à tout ; car dans
le cas d'un arrêt ſubit , les volans continueront de tourner ,
tant que le mouvement qu'ils auront acquis le leur permettra ;
& ces rochets gliſſeront ſur les dents des cliquets qu'on ſuppoſe y avoir été placés : dès que les chevaux reprendront
leur marche , le moulin continuera de tourner ; ſans cela

Tome Ier.   I

toute la machine auroit couru rifque d'être brifée dans un inftant.

Je ne dis rien de la mouture du grain ni des moyens de diriger la farine , le fon & les recoupes, non plus que du bluteau : cela n'entre pas dans l'objet que j'ai eu en vue. Je n'ai voulu que propofer un moteur tel qu'on pût l'employer à volonté, & en tirer le plus grand parti : les moulins font trop connus, pour que je doive entrer dans des détails qui font abfolument fuperflus.

MACHINE A REPRISES

ET A MOUVEMENT CONTINU.

Pl. XX.

La planche XX repréfente une machine qui fait tourner deux meules en fens contraire l'une de l'autre fans interruption , quoique le mouvement du moteur paroiffe interrompu. Je n'ai pas encore eu occafion d'en faire l'application ; mais comme il m'a paru pouvoir être appliqué utilement à quelques cas finguliers, j'ai cru devoir en donner la defcription.

A eft la bafe de la machine , fur laquelle s'élevent quatre montans B , B , B, B, auxquels s'adaptent les deux planchers C , C , D , D. Un fort arbre E roule à pivots haut & bas, & reçoit le levier N. Au lieu des deux bras de leviers qu'on voit fur la planche , il faut en fuppofer quatre ; favoir, deux en bas & deux en haut. Ces bras font des portions de cercle garnies d'une certaine quantité de dents qui menent en bas deux lanternes au lieu d'une feule G qui eft repréfentée. Ces lanternes tournent librement fur leur axe , mais elles font garnies de rochets qui reçoivent des cliquets fixés fur l'arbre ; & pour leur conferver la pofition où elles doivent être , on place fous chacune une rondelle de fer retenue par une clavette.

Les bras de levier d'en-haut font la même fonction : mais au lieu de dents fur leur circonférence, ils portent chacun un bout de corde qui fait prefque deux tours fur les barillets. Ces barillets font garnis de rochets & de rondelles comme les lanternes de deffous , & font pris par un cliquet chacun , comme on l'a dit des lanternes. L'homme qui fait mouvoir la machine, pouffe devant lui le bras de levier qu'il tient ; l'arbre décrit un quart de tour, ainfi que les quatre leviers. Les deux qui trouvent une lanterne & un barillet libres , les font rétro-grader , tandis que les deux autres forcent les meules à tourner en fens contraire ; & quand l'homme retirera à lui le bras du levier , la lanterne & le barillet qui l'inftant d'auparavant rétro-gradoient librement fous le cliquet , le rencontrant alors oppofé à leur retour , forceront les meules de tourner du même fens , tandis que la lanterne & le barillet , qui tout à l'heure les fai-foient mouvoir , s'en retourneront à vuide , & toujours ainfi alternativement.

Les volans font placés ici par la même raifon que dans la figure précédente , pour modérer & régler le mouvement. Comme cette defcription n'a d'autre but que de développer les idées relatives au mouvement continu par reprifes , & de faire fentir les différens moyens de l'obtenir, je n'entrerai pas dans de plus grands détails à cet égard. Il me fuffira d'obferver que les cordes des tambours fupérieurs font le même effet que les bras qui donnent le jeu aux deux lanternes d'en-bas ; & c'eft tout ce que j'ai eu deffein de prouver.

M O U L I N A B A S C U L E.

C'eſt pour ne rien laiſſer à deſirer , que je me ſuis déterminé à donner la deſcription du moulin que repréſente la planche XXI. Le moyen dont je me ſuis ſervi pour rendre continu un mouvement alternatif , a déjà été préſenté plus haut ; ainſi je ne m'arrêterai pas infiniment à le détailler.

A eſt une des deux couches ſur leſquelles eſt élevée la cage qui contient la machine , l'autre ne ſauroit être vue : B , B , B , B , ſont quatre montans qui portent les chapeaux C , C ; D , D , D , D , ſont les quatre contre-fiches qui les affermiſſent. L'écartement de cette cage eſt retenu par le haut , par les entre-toiſes *a* , *a* ; & par le bas , par le châſſis E , E.

La baſcule eſt un ſegment de cercle de charpente très-ſolide , formé de deux parties abſolument ſemblables F , F , dans leſquelles ſont aſſemblées les deux traverſes G , G , ainſi qu'on le voit , & dont l'écartement eſt retenu par les traverſes *b* , *b* , *b* , *b* : les traverſes G , G , ſont auſſi maintenues par les montans *c* , *e* ; ceux de derriere ſont cachés. Au-deſſous des deux portions de cercle F , F , ſont pratiquées deux feuillures dont la deſtination eſt de retenir dans le châſſis E , E , la baſcule au moyen des joues de cette feuillure ; & afin que le mouvement d'oſcillation ne puiſſe faire avancer ou reculer cette baſcule , on attache à chaque bout du châſſis E , E , une corde *d* , *d* , *d* , *d* , dont l'autre bout va , dans une rainure pratiquée ſous la baſcule , ſe fixer aux bouts *b* , *b* ,

& se tend par le moyen d'un tourniquet horizontal qui n'est presque pas sensible sur la figure : mais comme ces deux cordes se croiseroient nécessairement à l'endroit où elles se rencontrent sous la bascule , on a soin de faire la rainure assez large pour qu'elles se couchent à côté l'une de l'autre , & assez profonde pour qu'elles ne soient pas froissées par la bascule sur les traverses E , E. H est une piece de bois sur laquelle pose le bout de l'arbre qui porte la meule , & pour rendre le frottement plus doux on y place une grenouille ou crapaudine noyée dans le bois. I , I , sont deux barillets coniques , garnis chacun de deux fonds : au-dessus de celui d'en haut est fixée une roue à rochet , qui est noyée de toute son épaisseur dans le fond du barillet ; sur l'arbre qui porte la meule est un petit bras de fer , auquel on attache un cliquet qui engrene dans les dents du rochet. Entre les deux barillets est un pareil rochet noyé de même dans l'épaisseur de son fond supérieur : on y fixe de même un pareil cliquet ; & pour que ni le rochet ni le cliquet ne nuisent à la jonction des deux barillets , les rochets sont d'un moindre diametre qu'eux , afin que le cliquet trouve sa place. Au-dessous de chacun de ces barillets est une plaque de cuivre ou de fer , retenue en-dessous par une clavette , afin qu'ils ne puissent descendre. Sur les traverses G , G , sont deux pieces de bois mobiles e , e , portant chacune deux petits montans , dans lesquels on place une corde ou chaîne qui va faire sur chaque barillet presqu'un tour , & qui est fixée solidement ; de maniere que chaque barillet a deux cordes ou chaînes qui l'entourent , ainsi que la figure le représente. Quand on juge que ces cordes sont suffi-

famment tendues, on attache avec des clous ou des vis à bois ;
les pieces de bois *e*, *e*.

Il eſt évident que ſi quelque puiſſance peſe ſur l'un ou l'autre
bout de la baſcule, les deux barillets ſeront invités à tourner
dans le ſens où chacune des cordes les appellera: mais d'après
la poſition des rochets, l'un rencontrant le cliquet emmenera
l'arbre & la meule qu'il porte, tandis que l'autre gliſſant ſur le
rochet en rétrogradant, s'arrêtera à la dent où la baſcule le lui permettra. Si l'on peſe ſur l'autre bout de la baſcule, le rochet qui
engrénoit tout-à-l'heure laiſſera paſſer le cliquet, & celui qui le
laiſſoit paſſer emmenera du même ſens le barillet auquel il
appartient: ainſi ce mouvement alternatif communiquera à la
meule un mouvement uniforme & continu.

Je ne dirai rien de la poſition des meules ni de la trémie ;
leur poſition ſur la machine ne ſert qu'à indiquer celle qu'on
peut leur donner, & ce ſeroit me répéter ſans ceſſe que de
m'y arrêter. Je dirai ſeulement que l'arbre qui porte la meule
eſt prolongé juſqu'au-deſſus de la trémie, & porte un volant
K, K, qui ſert à régler le mouvement de la machine.

MOULIN DOMESTIQUE A BRAS.

Pl. XXII.

Le moulin que repréſente la planche **XXII**, eſt preſque en
tout ſemblable à celui qu'on a vu ci-deſſus planche **XVII**.
Toute la différence qu'il y a, c'eſt que les meules y ſont
portées à deux pieds de diametre, au lieu que les premieres
n'ont que dix-huit pouces: j'ai voulu eſſayer ſi l'on pourroit,
avec un auſſi petit moulin, obtenir une bonne mouture, &

je puis affurer que, pour une maifon particuliere, il fuffi-
roit, & que la farine en eft très - belle; que d'ailleurs on
peut le monter à très-peu de frais. Je n'ai rien changé à
celui planche XVII, que la cage & la maniere dont il eft
monté.

Ce moulin eft porté fur un fort banc de charpente
A, A, A, A; la cage B, B, &c., en eft infiniment fimple. Les
barillets font cylindriques, & fe meuvent abfolument comme
ceux de la planche précédente, fi ce n'eft qu'ils font mus par
un *va-vient* par deux hommes placés en C, D. Les meules
font dans leurs archures, & la trémie eft au-deffus. On voit
que le petit canal qui amene le grain au centre de la meule
fupérieure, eft foutenu par une petite corde *a, a*, qui
lui donne la liberté de recevoir le choc des quatre angles
de l'arbre, ce qui fuffit pour déterminer le grain à tomber
petit à petit dans les meules. Je crois ne devoir pas en
dire davantage, pour ne pas fatiguer le Lecteur par des
répétitions inutiles.

MOULIN DOUBLE

A VA-VIENT ET A PENDULE.

Après m'être affuré de la force qu'on peut obtenir du pendule
appliqué avec intelligence à différentes machines, j'ai imaginé
de l'employer à faire mouvoir deux moulins dans un affez petit
efpace, pour fervir aux ufages domeftiques d'une maifon
affez confidérable.

Pl. XXIII.

Celui-ci eft un compofé du précédent, & d'un de ceux qu'on

a vus plus haut. Il ſe meut par le moyen du pendule & du *va-vient* que font aller deux hommes.

La cage A , A , B , B , &c. , eſt aſſez ſolide pour réſiſter aux efforts de la machine. Sur la traverſe du milieu eſt un cylindre de bois porté par un axe de fer. A ce cylindre eſt fixé le pendule , au bas duquel eſt un fort contre-poids ou lentille. Sur ce même cylindre ſont fixés les bouts de quatre chaînes : deux qui , après avoir fait plus d'un demi-tour ſur la circonférence , vont faire un tour entier ſur les deux barillets à droite C , C , & de-là ſont attachées ſur les bras du va-vient E , E ; les deux autres , après avoir pareillement fait un demi-tour ſur le cylindre , vont embraſſer les barillets à gauche D , D , & de-là vont pareillement ſe fixer ſur les mêmes bras du va-vient. Ce va-vient eſt un châſſis de bois , aſſez fort , ſans être trop maſſif , pour réſiſter aux efforts qu'on lui imprime ; il eſt ſoutenu dans ſa poſition horizontale au moyen des quatre pieces de bois F , F , dont on ne voit pas la quatrieme , & repoſe ſur des roulettes *a* , *a* , *a*. A chaque arbre qui porte les deux meules , eſt fixé un volant pour diriger & rendre égal le mouvement des meules , & par-là obtenir de la farine d'une égale fineſſe. On voit au-deſſus de la machine les deux archures qui contiennent les meules , & les deux trémies qu'on remplit de grain.

On ſent que quand on fait aller le pendule d'un ou d'autre côté , les barillets ſont forcés de tourner dans le ſens où les chaînes les appellent : mais comme ils ſont garnis de rochets , un de chaque paire de barillets fait tourner la meule à laquelle il appartient , tandis que les autres ne font que ſauter les dents

du

du rochet, & ne font tourner la meule que lorfqu'appellés dans le fens où ils engrenent dans le cliquet par le pendule revenu du côté oppofé, ils menent les meules du même fens ; & les deux premiers barillets ne trouvant plus de réfiftance de la part du rochet, vont engager de nouveau les dents de leur rochet pour recommencer ainfi alternativement ; ce qui produit un mouvement uniforme & continu aux meules : & comme le feul pendule joint aux deux hommes pourroit ne pas fuffire pour obtenir le mouvement des deux meules de 32 pouces de diametre, on augmentera le nombre des hommes placés aux extrémités du va-vient.

Si après avoir tiré parti des deux meules, on fe trouvoit dans le cas de n'en avoir plus befoin que d'une, on pourroit n'en faire mouvoir qu'une en détachant les chaînes d'un des bouts du va-vient, & alors il n'y en auroit plus qu'une qui iroit : ainfi cette machine, qui n'eft pas fort difpendieufe à établir, peut fervir alternativement pour moudre beaucoup ou peu de grain, felon le befoin.

MOULIN

A REPRISES ET A PÉDALES.

Le moulin que repréfente la planche XXIV a été exécuté, & a parfaitement réuffi ; voici quelle en eft la mécanique.

Dans l'intérieur d'une forte cage A, A, B, B, &c., dont le vacillement eft prévenu par les contre-fiches C, C, C, C, & retenu par les chapeaux D, D, font placées deux paires de roues d'environ quatre pieds de diametre. Chaque paire

Tome Ier.   K

Pl. XXIV.

eſt portée ſur un ſeul & même arbre , afin qu'elles marchent d'un même mouvement. L'écartement qu'il convient de donner à chaque paire eſt déterminé par le diametre des lanternes N, plus, l'épaiſſeur des tringles E , E ; & c'eſt auſſi la largeur intérieure de la machine. En-dedans de la cage , & tout contre les couches B , B , ſont fixés quatre madriers garnis d'un certain nombre de crans qui reçoivent des alluchons placés ſur la partie inférieure de la circonférence extérieure de chacune des quatre roues : ces alluchons , en engrénant ainſi dans ces madriers , ſervent à déterminer la marche de chaque paire de roues qui, ſans cela , pourroient ſe mouvoir obliquement , ſelon qu'elles éprouveroient ou n'éprouveroient plus de réſiſtance : on ſentira ceci plus particulierement dans un inſtant. Sur la circonférence extérieure de chacune des roues , & au haut , ſont fixées huit chaînes dont les bouts ſont arrêtés ſous les tringles D , D , à quelque diſtance du point du milieu. La ſurface intérieure de ces mêmes tringles eſt garnie d'une quantité plus ou moins grande d'alluchons , comme on le voit ſur celle de derriere : ces alluchons ne devant engréner dans les lanternes que pour leur faire faire à-peu-près un tour , il n'en faut placer ſur les tringles que ce qui eſt néceſſaire pour obtenir ce mouvement.

Il ſeroit naturel de penſer que l'une des deux tringles devant engréner dans la lanterne la plus baſſe, & l'autre dans celle de deſſus , il faut que les roues qui portent cette tringle ſoient d'un plus grand diametre que les autres ; mais il y auroit trop d'inconvénient à le pratiquer ainſi : les roues étant , comme nous l'avons dit , montées ſur le même arbre , pré-ſenteroient néceſſairement deux ſections de cône , & en rou-

lant fur leurs madriers, décriroient une portion de ligne circulaire, au lieu d'une ligne droite, puifque la plus grande
iroit néceffairement plus vîte que l'autre. Pour remédier donc
à cet inconvénient, on placera au-deffous de la tringle une
piece de bois fixée folidement fur elle, dont la largeur foit
fuffifante pour porter la tringle au milieu de la lanterne la
plus élevée, ce que le Graveur n'a pas rendu dans cette
figure.

On voit à-peu-près de quelle maniere doivent être difpofés
les cliquets & les rochets à placer fur les lanternons. Il faut,
pour leur procurer le jeu qui leur eft néceffaire, que chaque
lanterne foit retenue à la hauteur qui lui convient par une rondelle de fer foutenue par une clavette. La lanterne tourne
librement deffus, ainfi que fur l'axe. A cet axe, entre les deux
lanternes, & au-deffus de la plus élevée, eft un petit bras
de fer portant à fon extrémité un cliquet qui y tourne librement, & qui par fon propre poids tombe dans les dents du
rochet fixé au-deffus de chaque lanterne.

Il faut fuppofer qu'au bas de l'arbre P, entre les deux
couches B, B, eft placée une piece de bois portant la crapaudine de fer fur laquelle roule l'arbre, & que cette piece
de bois eft ajuftée de façon qu'elle puiffe hauffer & baiffer à
volonté afin de rapprocher ou écarter les meules, & par-là
obtenir de la farine au degré de fineffe qu'on defire. Je me
fuis propofé de ne rien dire dans cet Ouvrage de la pofition
ni du jeu des meules; je les ai même affez fouvent repréfentées d'une maniere fort négligée, parce qu'il n'eft perfonne
qui n'ait à cet égard les connoiffances les plus amples, ou
qui ne puiffe fe les procurer aifément. Sur la face intérieure &

K 2

au bas de chaque roue eſt attachée ſolidement une tringle, qui ſert de pédale pour donner le mouvement à toute la machine, ainſi qu'on va le voir.

JEU DE LA MACHINE.

Lorſqu'un homme met le pied ſur l'une ou l'autre marche, la paire de roues de ce côté, engrénant dans les crans qui ſont ſur les madriers, avance néceſſairement de ſon côté, & par le moyen des chaînes qui ſont au ſommet des roues, emmene les tringles du même côté. L'une de ces tringles engrénant dans la lanterne à qui le rochet ne permet pas de reculer, force l'arbre & la meule à tourner de ce côté, tandis que l'autre fait tourner la lanterne qui lui correſpond ſans que l'arbre tourne. Un homme placé à l'autre extrémité de la machine, met à ſon tour le pied ſur la marche, fait faire le même mouvement aux roues & produit le même effet aux meules, puiſque la tringle, qui précédemment a fait tourner la meule, retourne ſans rencontrer d'oppoſition, & que celle qui avoit paſſé librement rencontre ſa lanterne, à qui le rochet ne permet plus de tourner ſans emmener la meule, & qui d'un mouvement alternatif, fait un mouvement continu pour la meule.

Cette machine, quoiqu'un peu compliquée en apparence, eſt une de celles qui, dans la conſtruction que j'en ai fait faire, m'ont le mieux réuſſi. On pourroit adapter aux roues pluſieurs ſortes de pédales, ſelon que telle ou telle de celles dont j'ai parlé ci-deſſus paroîtroit plus ou moins commode.

SCIES A PÉDALES.

La planche XXV repréfente des fcies d'un ufage très-commode pour refendre en peu de temps, & avec facilité, des pieces de bois de toutes groffeurs.

Pl. XXV.

A, A, A, A, eft un fort châffis de charpente monté fur fix pieds B, B, B, &c.: fur ce châffis, divifé en deux parties fur la longueur, gliffent deux châffis D, D, D, qui portent les pieces à refendre. Au milieu du châffis immobile s'élevent deux fortes pieces de bois E, E, retenues par le haut, au moyen du chapeau F. A ces montans font attachés deux autres forts châffis G, G, l'un devant, l'autre derriere, fervant de couliffe aux fcies : ces fcies montées elles-mêmes fur un châffis folide, gliffent jufte dans leur couliffe, & font mifes en jeu par les portions de cercle a, a, fixées fur le cylindre H, à l'oppofite l'une de l'autre. Ces portions de cercle font au nombre de deux pour chaque fcie, & précifément vis-à-vis de leurs montans. Au milieu du cylindre H, eft une autre portion de cercle b, à angles droits avec ceux a, a, & dans le même plan circulaire. Au-deffous de celui-ci en eft un autre dont les rayons font affemblés fur la piece I, compofée elle-même d'un arbre ou cylindre avec deux demi-cercles dont on va voir à l'inftant l'effet : ce demi-cercle I repofe fur un châffis K, fixé au milieu de la machine. Au haut de chaque bout de ces demi-cercles eft attachée une corde dont l'autre bout, après avoir paffé dans une large rainure pratiquée fur la circonférence de ces demi-cercles, eft retenu aux extrémités du châffis K. A la circonférence de la portion de cercle C, & dans une rainure, font deux cordes, dont un bout est fixé aux bouts de cette portion, & l'autre est attaché aux bouts de la circonférence qui lui correspond *b*. Par ce moyen, si l'on met le pied sur les demi-cereles I , la portion C baissera & emmenera celle *b* , qui fera par conséquent tourner ceux *a* , *a* , dont l'arbre roule à pivots dans les montans E , E. Si maintenant on suppose que de pareilles cordes sont attachées sur les portions de cercle *a* , *a* , & qu'elles soient fixées dans un sens opposé aux bras des scies , celles-ci feront nécessairement forcées de monter & de descendre. Telle est la construction simple de cette machine, que deux hommes mettant alternativement le pied sur le demi-cercle I , feront jouer les deux scies. Il ne reste plus qu'à pourvoir aux moyens de faire avancer les pieces de bois, afin qu'elles viennent à la rencontre de la scie. Pour cet effet, on place à chaque bout du châssis un arbre de bois portant une roue dentée en rochet d'un assez grand diametre. On attache à un des bras de chaque scie, qui est en face de la roue, une tringle de bois , armée par un bout d'un pied de biche de fer, qui embrasse l'épaisseur de la roue , & qui, à chaque fois que la scie baisse, fait reculer la roue d'un ou de plusieurs crans , tandis qu'un cliquet, fixé tout près d'elle, la force de rester où elle a été poussée. Sur l'arbre de cette roue est une corde qui , en l'enveloppant, attire à lui le châssis & la piece de bois qu'il porte. Il est inutile de prévenir que les deux scies doivent être en sens opposé , & par conséquent qu'une des pieces de bois est vers un bout de la machine , & l'autre de l'autre ; cela est une conséquence de ce que deux des quatre portions de cercle *a* , *a*, sont opposées aux deux autres. Le rayon de ces portions de cercle doit être de la distance du centre de l'arbre à la furface des bras de chaque fcie. On pourroit croire que le levier fur lequel pefent les hommes, n'a pas affez de longueur; mais à la portion de cercle C eft une poignée à laquelle fe tiennent les hommes, qui, par ce moyen, ajoutent encore à l'effort qu'elle font pour faire tourner cette portion de cercle.

M O U L I N A P E N D U L E.

Les expériences que j'ai faites pour m'affurer de l'effet du pendule appliqué à diverfes machines, m'ont fait concevoir l'idée de l'appliquer aux moulins.

A, A, A, A, planche XXVI, font quatre montans affemblés par les traverfes B, B, B, B, par le bas, & par celles C, C, C, environ aux deux tiers de leur hauteur, & couronnés de la plate-forme D. La forme de tréteau que j'ai donnée à cette machine, a pour objet d'affurer le moulin contre les fecouffes & le balancement du pendule; mais, fur la largeur, il eft inutile de lui donner cette forme: on peut ne donner que très-peu d'inclinaifon aux quatre pieds fur les deux autres faces. Sur les deux grandes traverfes C, C, repofe un cylindre de bois de huit à dix pouces de diametre, au centre duquel font de forts tourillons de fer: fur la longueur du cylindre, & à une diftance telle que les deux lanternes puiffent y être contenues à l'aife, font deux portions de cercle E, F, L, l'une d'un affez grand rayon, l'autre d'un beaucoup moindre, mais ayant toutes deux le même centre, ainfi qu'on le voit fur la figure. Toutes deux font fixées fur l'arbre ou cylindre par cinq forts rayons, de la même maniere que les roues des

Pl. XXVI.

voitures. A la circonférence de ces parties de cercle font des allochons en-dedans, & qui fe regardent. Au milieu d'une traverfe qu'on ne voit pas ici, & qui eft cenfée repofer fur celles des côtés de la machine, eft une grenouille dans laquelle pofe & roule la pointe de l'axe de fer qui porte les meules. A la hauteur de chacune des portions de cercle E, F, L, eft une lanterne dont le diametre eft différent : c'eft au conf-tructeur à les déterminer fuivant le rayon auquel elles répon-dent, mais de façon cependant qu'elles produifent le même effet. Ces lanternes ont la faculté de tourner fur l'arbre d'un côté feulement : elles font retenues par un rochet, comme on en a déjà vu plufieurs, afin que quand l'une, retenue par les dents du rochet, fait tourner l'axe & la meule, l'autre puiffe rétrograder, fans autre réfiftance que le frottement du rochet dont le cliquet prend à chaque dent,

JEU DE LA MACHINE.

Il eft aifé de fentir que quand on fait aller le pendule d'un côté, les deux portions de cercles à allochons font tour-ner les deux lanternes : mais l'une retenue par les dents du rochet, force la meule à tourner de ce côté, tandis que l'autre tourne d'un fens oppofé en gliffant fur les dents de fon rochet, jufqu'à ce que le pendule, porté de l'autre côté, faffe tourner celle-ci avec l'arbre & la meule, tandis que l'autre n'oppofe plus de réfiftance & va chercher de nouveau des dents du rochet pour reprendre fon mouvement quand le pendule re-viendra du premier côté, & ainfi de fuite. Je ne dis rien de l'archure ni de la pofition des meules, non plus que de

la

la trémie. Ces détails me femblent inutiles, & ce n'eſt pas-là l'objet que je me ſuis propoſé. Je ſuppoſe le Lecteur au fait de la conſtruction des moulins ; je n'ai voulu qu'y adapter des moteurs qui n'ont juſqu'ici, que je ſache, jamais été mis en uſage.

MOULIN A TABAC.

La planche XXVII repréſente un moulin, à l'aide duquel on peut moudre une certaine quantité de bouts de tabac en très-peu de temps.

Pl. XXVII.

A, A, eſt la baſe du moulin ſur laquelle s'éleve un fort bâtis de bois B, B, B, B, aſſemblé par le haut au moyen de deux fortes croiſées L, L, à quelque diſtance l'une de l'autre ; C eſt un cylindre de bois, revêtu d'une plaque de tôle, & percé d'une certaine quantité de trous dans leſquels on met les bouts ou carottes de tabac ; D eſt la rape contenue dans un châſſis de bois, poſé ſur un autre châſſis mobile E, E, E, E, dont le mouvement, de droite à gauche, mene avec lui la rape ſur laquelle poſent les bouts de tabac. F, F, F, ſont quatre demi-cercles ou moitiés de roues, dont les rayons ſont montés ſur les extrémités des cylindres G, G. Chacun des quatre demi-cercles eſt terminé par une piece de bois H, H, à laquelle elle eſt ſolidement fixée à tenons & à mortaiſes ; & le cylindre, ſervant de moyeu à ces demi-roues, eſt noyé d'une partie de ſon diametre dans cette piece de bois H. Sur le cylindre repoſe le châſſis E, E ; au moyen de quoi, ſi l'on met le pied ſur l'une des deux marches I, I, le châſſis avan-

Tome Ier.   L

cera de ce côté, & la rape marchera avec lui : lorfqu'au contraire on mettra le pied fur l'autre marche, le châffis & la
rape s'en iront dans un fens oppofé. Pour empêcher que ces
demi-roues ne tournent fans attirer le châffis, on met fur leur
circonférence deux cordes, dont un bout eft attaché à une des
extrémités du fegment de cercle, l'autre fur la traverfe fur
laquelle elle roule : on en fait autant à toutes quatre.

Ce n'étoit pas affez de donner à la rape un mouvement
de *va-vient* ; il falloit encore procurer aux bouts de tabac un
mouvement de rotation capable de remédier aux bavures qui
fe forment à ces mêmes bouts lorfque la carotte ne va que
de devant en arriere ; raifon pour laquelle les Rapeurs de tabac
tournent fans ceffe dans leurs mains la carotte qu'ils tiennent.
On a procuré cette rotation en plaçant fur le châffis, & près
de la rape, deux petits montans *a, a*, auxquels on attache
les deux bouts d'une corde après avoir fait un tour fur le
cylindre C : mais pour empêcher que le mouvement en avant
& en arriere du cylindre ne le faffe pencher d'un ou d'autre
côté, on place à fon centre une forte barre de fer fur laquelle
il peut tourner, qui paffe dans les deux croifées L, L, & qui
eft retenue pardeffus au moyen d'un fort écrou. Les hommes
qui font mouvoir cette machine font, pour plus de commodité, montés fur les petits marche-pieds M, M, d'où il leur
eft aifé de porter le pied fur les marches I, I. Sur chaque côté
de la machine, eft un panneau de bois formant une armoire,
& qu'on ouvre pour retirer le tiroir dans lequel tombe le
tabac rapé, qu'on n'a plus après cela qu'à paffer au tamis,
& dont on met le plus gros dans un moulin, ainfi qu'on

le pratique ordinairement. Les pieces *b* , *b* , *b* , *b* , fervent aux hommes pour placer leurs mains quand ils montent fur la marche I.

Le point de vue de la machine n'a pas permis de repré-fenter les quatre demi-cercles : mais ce que j'ai dit des deux qu'on voit, doit s'entendre des deux autres qui font cachés par la machine.

MOULIN A PÉDALES

ET A MANIVELLE.

A , A , font deux fortes pieces de bois affemblées par deux traverfes , qui portent toute la machine. Sur ces *couches* s'éle-vent quatre montans B , B , B , B , affemblés par les traverfes D , D , D , D , & furmontés du châffis F. N , N , font deux autres traverfes qui portent une piece de bois qu'on ne fau-roit voir, & dont on va bientôt connoître l'ufage. A quelque diftance des couches A , A , eft un plancher O , fur lequel eft l'archure qui contient les meules K ; au centre de la machine eft un axe de fer qui , par en-bas, repofe fur la piece de bois L , & roule dans une grenouille , & par le haut dans une pareille grenouille fixée dans l'épaiffeur de la piece de bois P, dont on ne voit ici qu'une extrémité. Sur les deux traverfes D , D , font prefqu'entiérement noyées , dans fon épaiffeur, deux paires de rouleaux dont on ne voit que des fegmens *b* , *b* , qui portent le collet de l'arbre fur lequel eft fixée à quarré la roue à alluchons G , qui engrene dans la lanterne G, fixée auffi à quarré fur l'axe qui fait tourner la meule. Au bout de l'arbre eft un quarré qui reçoit une manivelle *a* dont l'extré-

Pl. XXVIII.

mité recourbée eſt reçue dans l'enfourchement de la tringle I ſervant de baſcule. Mais pour rendre en cet endroit le
frottement le plus doux qu'il eſt poſſible, on y place deux
rouleaux de cuivre comme les quatre dont j'ai parlé ; au moyen
de quoi le bout arrondi de la manivelle repoſe toujours ſur
ces rouleaux, ce qui rend le mouvement très-doux , & réduit
les frottements preſque à zéro. Sur une piece de bois qui traverſe la machine ſur la longueur au-deſſus de l'axe de la roue
à alluchons, eſt un autre petit arbre , portant une petite lanterne qui engrene auſſi dans les alluchons de la roue G, &
qui porte un volant au-deſſus de la machine. Par ce moyen
le mouvement eſt rendu uniforme , & les meules donnent de
la farine d'une égale fineſſe. Pour faire mouvoir cette machine,
il ſuffit de poſer les pieds ſur les pédales Q , qu'on abandonne
quand elle eſt au plus bas ; ou plutôt ſans retirer les pieds il
ſuffit qu'on ceſſe de peſer deſſus : alors le mouvement qu'on
a imprimé à la machine, joint à celui que donne le volant,
ſuffit pour faire relever la manivelle ; & quand elle a paſſé
ſon plus haut point d'élévation , on peſe de nouveau ſur la
baſcule pour lui donner une nouvelle impulſion. Il faut ſuppoſer qu'il y a de l'autre côté de la machine une pareille
manivelle avec la pédale qu'on ne voit pas.

Le rouet ou roue à alluchons ne doit avoir que dix-huit
pouces de diametre du centre d'un alluchon à l'autre. Elle
portera dix-huit alluchons, & la lanterne dans laquelle elle
engrene portera neuf fuſeaux. La manivelle aura huit à neuf
pouces de rayon. Si ce rayon étoit plus grand, le cercle qu'elle
décriroit étant très-grand, la baſcule leveroit trop haut , &
au-deſſus de la portée d'un homme , ce qui fatigueroit en peu

de temps. La petite lanterne ne doit porter que fix fufeaux
au plus. Les branches du volant auront trois pieds de rayon
lorfque la meule ne paffe pas quarante-deux pouces de diametre. On augmentera toutes ces proportions felon la grandeur
des meules.

La piece *d*, qu'on voit au bas de la bafcule, fert à la
maintenir dans une même direction ; fans cela, abandonnée
à elle-même, elle balanceroit fans ceffe, & l'homme n'auroit
pas de point fixe fur lequel il pût diriger fon effort. Cette
tringle eft, comme on voit, retenue à un des pieds de la
machine où elle tourne fur une cheville de fer. *e*, *e*, à gauche
de la machine, font deux pieces de bois, dont celle d'en haut eft
fixée folidement à tenon dans le montant B, & faille d'environ deux ou trois pouces ; celle d'en-bas eft le bout d'une
longue piece qui paffe fous la traverfe L, & qui eft appellée
en-haut par la vis *f*, au moyen de l'écrou *g*, qui repofe fur
le petit taquet *e* : c'eft ainfi qu'on éleve ou baiffe la tringle L,
& qu'on donne plus ou moins d'écartement entre les meules,
puifque cette tringle fouleve l'axe de la meule fupérieure,
celle de deffous reftant immobile. Par ce moyen on donne à
la farine tel degré de fineffe qu'on defire.

MOULIN A MANIVELLES.

La planche XXIX repréfente un moulin à manivelles, vu
fur l'une de fes extrémités. A eft une des deux pieces de bois
fur lefquelles porte toute la machine ; T, T, font des coupes
des pieces qui les affemblent fur la longueur ; I, K, font des
élévations pratiquées aux côtés du moulin, fur lefquelles on

PL. XXIX.

  · **LA MÉCANIQUE**

met un plancher , & où fe tiennent les hommes qui font tourner les manivélles ; B , B , font deux des quatre montans qui forment la cage du moulin ; C, D , font deux des quatre traverfes femblables, fur lefquelles font pofées des pieces de bois dont on voit la coupe en F , G , & fur lefquelles repofent les axes dont on parlera dans un inftant. a , b , b , font des mortaifes dans lefquelles s'affemblent des traverfes fur la longueur du moulin dans les quatre montans. Aux extrémités du chapeau E font des tenons qui reçoivent de pareilles traverfes formant le couronnement de la machine. H eft la coupe d'une piece de bois qui eft portée fur la traverfe V , & qui reçoit le bout de l'axe qui fait tourner la meule fupérieure : cet axe porte à quarré la lanterne O , & va fe fixer fous la piece de bois G , portée fur la traverfe C , & fur la pareille à l'autre extrémité du moulin. M eft une roue à alluchons , montée fur un arbre de fer dont les collets roulent dans deux traverfes fur fa circonférence. Cette roue eft garnie d'alluchons b , b , qui regardent les deux lanternes. La lanterne R eft portée, ainfi que fon axe , fur la barre F qui repofe fur la traverfe D , & fur fa pareille , à l'autre extrémité de la machine. Enfin, l'axe qui porte le volant S , paffe au-travers d'une piece de bois dont un des tenons entre dans la mortaife a. L'arbre qui porte la lanterne horizontale N , roule dans des oreillons attachés contre les deux montans B , B ; & à leur face intérieure, au bout de cet arbre , font des quarrés qui reçoivent les manivelles. S eft le volant qui regle le mouvement des meules. U eft un plancher fur lequel font pofées l'archure & les meules ; c , d , font des pieces de bois qui reçoivent la vis e , à l'aide de laquelle on fait

hauffer & baiffer la traverfe V & celle H pour donner plus
ou moins d'écartement aux meules ; P eft la trémie ; Q eft un
petit tréteau fur lequel elle repofe, & au-deffous eft le couloir par où le grain defcend de la trémie au centre des meules :
ce couloir eft foutenu par une ficelle, & heurte chacun des
angles de l'arbre de la meule, ce qui fuffit pour faire tomber
le grain petit à petit.

JEU DE LA MACHINE.

Un homme étant appliqué à chaque manivelle, & monté
fur l'élévation pratiquée aux deux côtés du moulin, ils feront
tourner la lanterne horizontale : celle - ci menera la grande
roue à alluchons, en engrénant dans ceux qui font à fa circonférence. Les alluchons qui font fur la face de la roue mene-
ront les deux autres lanternes O, R : celle O menera les meules,
& celle R le volant. Deux hommes pourront, fans beaucoup
de fatigue, moudre fuffifamment de grain pour une forte maifon. Si l'on avoit befoin d'une beaucoup plus grande quantité
de grain, on pourroit relayer les hommes de temps en temps,
& en ne difcontinuant pas, on auroit au bout de la journée
beaucoup de farine.

MOULINS A PÉDALES.

Les moulins dont je vais donner la defcription ont été
conftruits au Château de Bicêtre près Paris, & font mus par
des hommes renfermés pour crimes dans cette Maifon. Il ne
m'appartient pas d'en faire l'éloge ; je ne me permettrai que

de rapporter ce qui a été imprimé dans le temps où ils furent conſtruits , ſur l'utilité que des perſonnes infiniment reſpec-tables leur ont reconnue, dans un Ouvrage intitulé : *Détails ſur quelques Etabliſſemens de la Ville de Paris , demandés par Sa Majeſté Impériale la Reine de Hongrie à M. le Noir , Lieu-tenant-Général de Police , en 1780.* Article des *MOULINS A PÉDALES.*

« Un Mécanicien, le ſieur Berthelot , a inventé des moulins
» que quatre hommes font mouvoir aiſément à l'aide des bras
» & ſur-tout des pieds. Chacun de ces moulins donne quatre
» ſetiers de farine par jour ; huit hommes ſuffiſent pour ſon
» ſervice. M. le Lieutenant-Général de Police a cru qu'il étoit
» bon de faire connoître cette invention , qui peut être utile
» dans nos Colonies, dans les Citadelles ou Forts, dans les
» Pays où la ſéchereſſe & les gelées ſuſpendent quelquefois la
» mouture pendant des mois entiers ; ce qui fait que dans cer-
» tains temps la farine vaut le double du bled. Il a d'ailleurs ,
» dans cette invention, trouvé un moyen d'occuper les priſon-
» niers : huit ſont deſtinés à chaque moulin ; on calcule la
» farine qu'ils font par jour , & on leur en paie la mouture.
» Les expériences récemment faites , ſous les yeux de l'Admi-
» niſtration, pour conſtater le produit des moulins à pédales,
» prouvent en faveur de cette invention , & ſervent à éclairer
» ſur la négligence , ou , pour mieux dire , l'infidélité des
» Meûniers qui comptent communément trois , quatre, & le
» plus ſouvent cinq livres de déchet : ce déchet n'a été que de
» huit onces ſeulement, l'expérience faite par un temps très-ſec.
» Répétée par un temps humide, les réſultats doivent être & ont

été

» été bien plus avantageux, puifqu'il y a eu deux livres de béné-
» fice fur le fetier; en forte que deux cents quarante livres de
» bled ont rendu en farine deux cents quarante-deux livres.

» Il faut obferver que la conftruction des moulins placés à
» Bicêtre n'a été diftribuée ainfi que pour les Maifons de force,
» afin que les hommes qu'on y emploie n'aient point de com-
» munication avec les moulins ni avec les farines & les grains,
» dans la crainte que leur mauvais caractere ne les portât à gâter
» l'un & l'autre.

» Ceux que l'on propofe pour l'ufage des particuliers font
» plus fimples & moins coûteux : ils n'exigent qu'un empla-
» cement de dix pieds de longueur fur fix de largeur & dix de
» hauteur; il ne faut que deux hommes pour les mettre en
» mouvement fuivant les expériences faites , & ils peuvent
» travailler la journée entiere. On peut placer un de ces moulins
» dans un coin d'angar, de grange , d'écurie, & même dans
» un grenier ; en forte qu'il y a peu de maifons où il n'y ait
» pas un emplacement fuffifant pour un moulin de cette efpece.

» Le rouet de ce moulin doit avoir cinq pieds de diametre
» du centre d'un alluchon à l'autre : il doit être armé de foixante
» alluchons ou dents réguliérement compaffées. La lanterne
» doit porter dix fufeaux dirigés également que les dents du
» rouet : cette lanterne doit faire fix tours , pendant que le
» rouet en fait un. Des bois de fept pouces de largeur , fur
» fix d'épaiffeur, font plus que fuffifans pour porter des meules
» de quarante-deux pouces de diametre».

EXPLICATION DES MOULINS.

Pl. XXX &
XXXI.

Les planches XXX & XXXI repréſentent les moulins qui ont été établis à Bicêtre, ſur leurs deux faces. Pour en faire mieux ſentir la conſtruction, je dois, avant tout, prévenir que la conſtruction qu'on voit ici n'eſt pas eſſentielle à ces moulins : je ne les ai fait porter ſur un plancher ſupérieur que pour entrer dans les vues de la Maiſon pour laquelle ils ont été conſtruits, & afin de trouver dans l'étage inférieur une eſpece de cage ou de priſon, dans laquelle les hommes fuſſent enfermés, ſans avoir aucune communication avec le bled, la farine, ni même avec la machine.

A, A, A, A, A, ſont les pieces de charpente qui ſervent de baſe à la machine ; elles ſont aſſemblées à mi-bois : on ne voit ici qu'une de celles ſur la longueur, parce que la figure repréſente une coupe du moulin, dont la coupe ſur la largeur eſt repréſentée par la planche XXXI. Le plancher C eſt porté par quatre poteaux B, B, aſſez forts pour réſiſter à la peſanteur de l'étage ſupérieur. On peut même en mettre un ſous chacune des pieces C, ce qui ne ſauroit gêner le jeu des baſcules ; on peut auſſi clorre le premier étage pour y enfermer les Travailleurs. Au-deſſus de cet étage eſt le moulin proprement dit : la baſe eſt formée par l'aſſemblage de quatre pieces de bois comme celle D : E, E, E, E, ſont quatre montans qui portent le plancher F, ſur lequel eſt l'archure qui renferme les meules. G, planche XXX, eſt une traverſe ſur laquelle repoſe l'axe ou arbre de la roue à alluchons H, vue en face planche XXX, & de profil, planche XXXI.

I, planche XXX, eſt une lanterne fixée ſur l'arbre qui fait tourner la meule, & qui repoſe ſur la traverſe K, K, dans l'épaiſſeur de laquelle eſt noyé le pallier de fer dans lequel elle roule figure XXX. La maniere dont le rouet doit être fait, peut varier à l'idée du conſtructeur : mais la circonférence devant porter un grand nombre d'alluchons, il vaut mieux, pour la ſolidité, qu'elle offre un large champ, afin que le bois, trop affamé par la quantité des mortaiſes, ne ſe gerce & ne ſe fende pas ſi vîte. On voit au milieu de cette roue une croiſée qui entre juſte ſur le quarré de l'arbre, dont les tourillons roulent ſur les traverſes G, G, planche XXX. De chaque côté de la roue, & à quelques pouces de diſtance d'elle, eſt une roue à rochets, & un double levier qui repoſe ſur l'axe même de la roue ; & le rochet ſe trouve entre deux. Chacun des bras de ce levier porte une piece de fer coudée à angle un peu aigu. Au ſommet de ces angles eſt un boulon, auquel eſt ſuſpendu un cliquet très-mobile, qui, cherchant toujours par ſa propre peſanteur la ligne perpendiculaire, prend les dents du rochet chaque fois que la piece qui le porte eſt relevée. Au-deſſous de ce levier eſt une piece de fer *a*, qui embraſſant comme lui l'arbre par moitié, le rend plus ſolide, ſans lui ôter la liberté du mouvement qu'il éprouve de la part du tirant L.

Au-deſſus du moulin eſt un balancier M, porté ſur un petit chevalet : ce balancier eſt compoſé de deux portions de cercle, au haut deſquelles ſont fixées deux chaînes qui correſpondent perpendiculairement aux deux leviers mobiles qui portent les cliquets des deux rochets. Chaque tirant L eſt fixé ſur une marche, mobile ſur deux tourillons *b, b*, entre les deux petits

montans O, O. Au milieu de la marche à chaque bout, font
fixées deux poignées P, P, auxquelles les hommes fe tiennent,
lorfqu'en fe balançant fur la marche, ils la font mouvoir de
chaque côté.

J E U D E L A M A C H I N E.

Deux ou plufieurs hommes fe tiennent fur la marche N, &,
fe portant vers un bout, la font baiffer de ce côté. La tringle L
attirée en-bas, fait tourner le rochet & la roue H, tandis que
l'autre bout de la marche élevé, & de plus appellé par la bafcule M, fait paffer le cliquet de l'autre côté de la roue, fur les
dents de fon rochet, au plus haut où il puiffe aller ; & quand
un autre homme fe portera fur l'autre extrémité de la marche,
ce fecond rochet arrêté par le cliquet forcera la roue de tourner
du même côté, tandis que l'autre cliquet montera prendre de
nouvelles dents, & ainfi de fuite. La roue à alluchons, une
fois mife en mouvement, fait tourner la lanterne, qui mene
l'arbre de la meule.

AUTRE MOULIN A PÉDALES.

Pl. XXXII.

Le moulin que repréfentent les planches XXXII & XXXIII
eft à-peu-près le même que le précédent. A, A, font les deux
pieces de bois qui fervent de bafe à la cage ; B, B, B, B,
font les quatre montans ; C, C, font deux traverfes d'en-bas;
D, D, eft la marche ou bafcule qui tourne fur l'arbre Z;
E, E, font les quatre poignées ou appuis pour ceux qui font
mouvoir la machine; F, F, font les deux tirans qui menent

les cliquets ; G, G, font les deux traverfes fur l'autre côté de
la cage ; H eft un des rochets qui , ici, font beaucoup plus
épais que ceux de la planche précédente ; J, J, font deux
boîtes qui couvrent les rochets, & tournent fur l'arbre ; N eft
une des quatre pieces de bois qui couronnent la cage, & forment le plancher fur lequel font les meules , dans leur archure O ; P, P, P, eft un petit chevalet fur lequel eft pofée
la trémie S; T eft la petite corde fur laquelle repofe le couloir ; & L, L, font deux coins, à l'aide defquels on écarte
à droite ou à gauche la piece de bois V, qui porte la lanterne R & l'arbre Q. Par ce moyen on augmente ou diminue
à volonté l'engrénage de la lanterne dans les alluchons de la
grande roue , & l'on dreffe la meule ; Y eft le canal par lequel
la farine eft portée dans la huche. Comme le mouvement &
les effets de ce moulin font abfolument les mêmes que ceux
du précédent, je ne m'y arrêterai pas plus long-temps : c'eft
ce moulin qui a mérité le fuffrage de M. le Lieutenant-Général
de Police.

La planche XXXIII repréfente le même moulin vu en coupe
fur fa largeur. A eft une des quatre femelles ; B, B, font deux   Pl. XXXIII.
des quatre montans ; C eft la traverfe du milieu fur laquelle
repofe l'arbre qui porte la grande roue à alluchons & les cliquets ; D eft une coupe de la marche ; E, E, font les deux man-
ches ou poignées ; H, H, H, H, font quatre contre-fiches
qui maintiennent la charpente & la rendent folide ; A, A,
en haut, eft une tringle de fer fixée vers fon extrémité par un
boulon fur lequel elle tourne. Au bout eft une autre tringle
de fer qui paffe au-travers de la piece fur laquelle eft pofée

la traverfe **V**, qui porte l'arbre de la meule tournante & fa lanterne **R**. A l'autre bout de la tringle de fer eft une corde, au moyen de laquelle on peut haufler ou bailler la meule à volonté, pour obtenir de la farine plus ou moins fine. Les autres lettres font les mêmes que fur l'autre planche.

MOULIN

MU PAR LE SEUL POIDS DU CORPS.

Pl. XXXIV &
XXXV.

Les planches **XXXIV** & **XXXV** repréfentent un moulin à bled qui eft mis en mouvement par le feul poids du corps de quelques hommes. La planche **XXXIV** le repréfente fur une face, & celle **XXXV** fur l'autre.

A eft une des quatre pieces de charpente qui forment la bafe; B, B, font deux des quatre montans de la cage : ils font affemblés au moyen des traverfes C , E, F. La traverfe D, figure **XXXV**, fert à former le plancher foutenu fur deux petits piliers Q, Q, qui porte l'archure & les meules , comme on le voit planche **XXXIV**. Au haut de la machine , & fur les traverfes F, eft un arbre d'un aflez fort diametre vers N, diminué & rendu quarré à la partie qui reçoit le rouet M, & terminé à chaque bout par un tourillon ou collet qui roule fur ces mêmes traverfes F. Sur la partie N de l'arbre font des rainures, garnies de diftance en diftance de petites languettes de fer en travers , qui font à-peu-près arrondies comme la rainure, mais qui ne vont pas jufqu'au fond. Leur ufage eft de former en quelque forte entr'elles une circonférence moins profonde que la rainure, mais fuffifante pour loger à-peu-près le diametre des cordes O , O, O, O, tandis que les nœuds qu'on y voit trouvent un peu plus de profondeur, & font arrêtés contre ces mêmes languettes. Des hommes montent au haut de la machine par les échelles qui ne font ici qu'indiquées par des points ; & munis d'une planche d'environ un pied ou feize pouces de long, à chaque extrémité de laquelle eft une forte courroie de dix-huit pouces ou environ de longueur, garnie à fon extrémité d'un fort crochet de fer, ils accrochent le bout de chaque courroie fur un nœud d'une des cordes, s'affeient fur la planche, & abandonnent tout le poids de leur corps au mouvement de la machine.

Chacune des cordes paffe au bas de la machine fur une poulie à-peu-près femblable à celles que les rainures ont formées fur l'arbre, fi ce n'eft qu'elles font d'un moindre diametre ; & pour cela, il eft néceffaire que chacune des quatre cordes ait fes deux extrémités entées l'une au bout de l'autre, ce qui forme une corde fans fin.

On a foin que le diametre de l'arbre fur lequel paffent les cordes, foit dans un rapport affez confidérable avec le rouet, afin que la réfiftance ne foit pas trop grande. Le rouet, comme on peut le voir, mene la lanterne ; & celle-ci, fixée fur l'arbre de la meule, la fait tourner. On peut voir fur la figure XXXV, où & comment eft attachée fur la traverfe D, la tringle de fer à l'aide de laquelle on éleve la traverfe G qui porte le pallier & la grenouille dans laquelle roule l'arbre qui mene la meule tournante. On y voit auffi la pofition des hommes fur les cordes, ainfi que la forme du rouet & la pofition des pieces qui ne font pas vifibles fur la planche XXXIV.

MACHINE A ÉLEVER LES EAUX,

LES DÉCOMBRES D'UN PUITS, &c.

Témoin des recherches & des effais qu'on a faits pour appliquer le travail des hommes au puits de Bicêtre , & les fubftituer aux chevaux qu'on y avoit employés jufqu'à préfent, j'ai cherché à en tirer le plus grand parti , & voici quels font mes réfultats.

Il faut tous les jours pour la Maifon de Bicêtre 200 feaux d'eau ou environ , eftimés communément 120,000 pintes de Paris , ou 240,000 livres pefant. Chaque feau du grand puits de Bicêtre paffe pour contenir deux muids & un quart, ou 630 pintes, pefant 1260 livres. Il faut ajouter à la réfiftance de cette pefanteur le poids des feaux. On peut évaluer le poids de la corde à deux livres par pied. Le puits ayant environ 180 pieds depuis les poulies comme elles font placées , ce fera 360 livres. On eftime les frottemens à vaincre , à 162 livres. Le total de la réfiftance fera donc de 1782 livres. Je ne parle pas du poids des feaux , parce qu'un defcendant fait équilibre à celui qui monte.

<table><tr><td>Pl. XXXVI &
XXXVII.</td><td>Les planches XXXVI & XXXVII repréfentent la machine que je propofe. A eft une des quatre fortes pieces de bois qui forment le fol , & portent le premier plancher ; B font quatre forts poteaux qui forment la cage; C & D font des traverfes qui affermiffent la cage fur fes quatre faces ; E , E , font deux traverfes qui s'affemblent dans les montans L , L , L , entre lefquels roulent les poulies H , H. Au-deffus de la cage, & à-peu-près au tiers de deux de fes faces , eft un arbre d'un</td></tr></table>

très-gros

très-gros diametre, & de quinze à seize pouces d'équarriſſage. Sur cet arbre, à chaque bout duquel eſt un fort tourillon de fer, & qu'on conſerve quarré dans tout le reſte de ſa longueur, ſont trois tambours ou barillets, dont deux aux extrémités ſont d'un très-grand diametre, & celui du milieu proportionné à la vîteſſe qu'on veut lui donner. A chaque bout extérieur de chaque tambour eſt une roue à rochets, comme on peut le voir à la planche XXXVI ; ſur la circonférence de ces tambours ſont creuſées huit rainures, plus ou moins, ſelon qu'on a beſoin d'hommes, d'environ deux pouces & demi ou trois pouces de profondeur, garnies de pieces de fer de la forme d'un chevron briſé pour retenir les nœuds des cordes, & empêcher qu'elles ne gliſſent : ces cordes ſont à nœuds, & leurs bouts entés l'un ſur l'autre, forment une corde ſans fin, qui, après avoir paſſé dans les rainures des deux tambours, vont paſſer au bas de la machine, ſur des poulies d'un beaucoup moindre diametre, pour leur conſerver leur direction : les poulies d'en-bas ſont montées ſur une piece de bois mobile de haut en bas, & qu'on fixe avec des coins à chaque extrémité, pour pouvoir donner aux cordes plus ou moins de tenſion, ſelon que l'air eſt plus ou moins ſec. Sur le tambour du milieu K, eſt enveloppée une corde dont un bout paſſe ſur une des poulies H, H, & eſt attaché à l'anſe d'un des ſeaux ; & l'autre paſſe ſur l'autre poulie, & va trouver l'anſe de l'autre ſeau I. Quatorze hommes montent au haut de la machine, accrochent aux nœuds les crochets fixés aux courroies d'une planche qui leur ſert de ſiege, & abandonnent ainſi tout le poids de leur corps pour ſervir de puiſſance pour élever les ſeaux. Tandis que ces quatorze hommes deſcendent ainſi, quatorze autres montent par des échelles de Meûnier au

Tome Ier.   N

haut de la machine pour leur fuccéder quand il feront arrivés
au bas. On a figuré fur la planche XXXVII les feaux par deux
poids, ce qui revient au même. A deux tringles *a*, *a*, planche
XXXV, font attachées quatorze cordes fans nœuds, auxquelles les hommes fe tiennent pour régler à volonté la
vîteffe de la machine, & diminuer, s'il le faut, le poids de
leur corps.

On conçoit aifément que les rochets que j'ai placés aux
extrémités de chaque tambour, font deftinés à prévenir les accidens que pourroit occafionner la rupture d'une des cordes qui
portent les hommes, & même le cas où quelques hommes fe
décrocheroient avant que ceux d'en-haut fe fuffent accrochés.
Alors les hommes refteroient fufpendus, puifque le fort cliquet qu'on a eu la précaution de fixer contre la charpente
de la cage, prend chaque dent à mefure qu'elles paffent, &
le feau refteroit fufpendu.

Quoiqu'on eftime communément le poids du corps de tout
homme formé, équivalent à 150 livres, il vaut mieux, pour
la fûreté de mes calculs, ne les porter qu'à 140 livres. Or,
quatorze hommes travaillant enfemble & à-la-fois, donneront
1960 livres; & comme chaque homme eft eftimé 10 livres
moins qu'il ne peut être préfumé pefer, j'en ajouterai un de
plus, & j'aurai 140 livres de plus, ce qui fera en tout 1960,
pour vaincre une réfiftance de 1782 comme je l'ai démontré
plus haut. Il me refte donc 178 livres de force de plus qu'il
ne me faut, que je puis ou fouftraire entièrement en n'employant que quatorze hommes, ou fouftraire en partie en les
engageant à fe tenir fuffifamment aux cordes pour diriger la
montée du feau felon le befoin. On peut évaluer à 10 livres

le poids de la fellette, des cordes & du crochet que porte chaque homme. On pourroit donc, fur mes trente-deux hommes, en avoir un, pris tour à tour, qui, en fe repofant, fervît de conducteur ou d'obfervateur de la machine & de tout ce qui l'environne. J'épargnerois donc le travail de quarante hommes, puifqu'on en emploie par jour foixante-douze à Bicêtre pour élever les feaux.

Quatorze hommes, ou fi l'on veut feize, par efcouade ou relai, parcourent en defcendant 12 pieds en trois fecondes, ce qui fait monter le feau de 12 pieds. Suppofons que la feconde bande mette vingt-une fecondes pour monter au haut de la machine, s'accrocher & defcendre comme la premiere en trois fecondes, ils auront monté le feau de 180 pieds en trois minutes.

On pourroit faire monter chaque feau en deux mi-nutes & demie, en y employant une troifieme bande de Travailleurs. Les deux cents muids feroient montés en moins de fept heures, avec fi peu de fatigue, que ce ne feroit qu'un jeu pour chacune des trois bandes d'Ouvriers. Au moins peuvent-ils, comme je le leur ai propofé, les mon-ter en dix heures : encore, lorfque le feau fera parvenu à la couronne du puits, une partie pourra - t - elle fe re-pofer un peu.

Tout le travail des hommes confifte donc à monter envi-ron une lieue ou 2500 toifes par jour. Si l'on employoit une troifieme efcouade, ils n'auroient que 1500 toifes à monter ; fi on y en ajoutoit une quatrieme, il n'auroient plus que 1125 toifes ; & fi l'on y employoit les foixante-douze hommes, ils n'auroient gueres plus de 900 toifes à parcourir ſans autre fardeau que leur ſellette garnie de ſes crochets, comme *les* Couvreurs qui travaillent au-dehors des maiſons à la corde nouée.

Les ſoixante-douze hommes actuellement employés au puits de Bicêtre , néceſſairement courbés en pouſſant, quoique ſur un terrein plat, parcourront, pour élever les deux cents ſeaux d'eau, 24,000 toiſes , en montant au moins d'un pouce par pied; & en ſuppoſant chaque pas de deux pieds & demi, ils monteroient une montagne de 24,000 toiſes de longueur ſur 4000 toiſes de hauteur, qu'ils doivent monter en trois bandes, ce qui fait pour chaque homme 1333 toiſes en parcourant 8000 toiſes, tandis que ceux qu'on occuperoit à la machiue propoſée n'auroient pas 900 toiſes à monter pour toute beſogne; & ſi l'on vouloit qu'ils montaſſent 1333 toiſes comme les précédens , ils éleveroient plus d'un tiers d'eau en ſus des premiers , & auroient encore chacun 6667 toiſes de moins à parcourir : ce calcul a été fait d'après la poſition courbée où ſont les hommes qui pouſſent devant eux, & dont la fatigue eſt égale , ainſi que la poſition , à celle d'un homme qui monte une montagne , puiſque dans un cas c'eſt le plan qui eſt incliné au corps, & ici le corps incliné au plan.

Cette machine n'eſt pas ſeulement applicable à un puits, mais encore à des mines, fouilles , excavations, & à tous autres ouvrages ſouterreins , ainſi qu'à des grues pour élever des pierres & fardeaux dans les bâtimens.

SOUFFLETS

MUS PAR LE SECOURS DU PENDULE.

On a vu précédemment les martinets d'une forge mus par le moyen du pendule: il falloit encore, pour la commodité des Ouvriers qui n'ont point de courant d'eau, appliquer le même moteur aux soufflets des forges.

Pl. XXXVIII.

Il n'en est pas des grosses forges comme de celles qu'on a communément sous les yeux dans les Villes. Lorsqu'il s'agit de chauffer une grosse masse, comme une enclume, un battant de cloche, une ancre, un seul soufflet ne pourroit pas échauffer assez promptement, ni assez fort, la piece qu'on veut forger : voici comme on s'y prend ordinairement. On place les soufflets comme ils le font planche XXXVIII ; on scelle en terre près de la forge, & derriere, deux longues perches perpendiculairement ; puis on attache au bout d'en-haut une corde à chacune, qui vient prendre la table de dessus du soufflet, ce qui fait l'effet d'un ressort. Quatre ou six hommes, selon la force qu'on veut donner au feu, montent sur les soufflets, & se balancent alternativement à droite & à gauche ; font baisser les tables, qui, étant lâchées alternativement, font rappellées en-haut par le ressort des perches : cette courte explication suffira pour faire comprendre la machine que je propose. Les soufflets font donc posés comme on les voit. A quelque distance du derriere de la forge est un bâtis de bois monté sur deux folles ou couches A, A, dont l'écartement est entretenu par les traverses B, B ; C est un des quatre montans ; D est une des contre-fiches qui préviennent le balancement ; E , font deux tringles fixées par le bas fur la table de deffus des foufflets ; F eft un arbre ou cylindre qui roule à tourillons dans les pieces de bois G , qui , avec celles H , H , forment le chapeau de la cage. A ce cylindre F eft attaché un long pendule J , au bas duquel eft un poids R. Sur le cylindre paffent deux cordes , dont un bout , attaché à chaque extrémité des tringles , va faire un tour fur l'arbre , & revient s'attacher à la tringle à laquelle fon bout eft fixé : par ce moyen , on ne fauroit faire mouvoir le pendule à droite ou à gauche , fans faire hauffer une tringle & baiffer l'autre. Au-deffous du contre - poids R eft un anneau dans lequel on paffe une corde qu'on y fixe par un nœud , & deux hommes aux deux bouts de la machine font fans ceffe occupés à tirer alternativement à eux le contre-poids & le pendule : ainfi, les foufflets font mis en mouvement par un moyen beaucoup moins fatigant que celui qu'on emploie ordinairement. On a repréfenté fur cette planche l'enclume P fur fon billot Q. Mais quand on forge de groffes pieces, qu'il feroit trop embarraffant d'élever ou de porter depuis la forge jufqu'à l'enclume , on met l'enclume à terre , & à-peu-près au niveau du foyer de la forge. On paffe dans un anneau , pratiqué au bout d'une tige réfervée ou pratiquée exprès à la piece qu'on forge , un bâton ou morceau de fer dont on fe fert aifément pour conduire la piece fur l'enclume en la faifant rouler fur elle-même.

MOULIN A DÉBITER LES BOIS.

La planche XXXIX repréfente un moulin à débiter les bois, mu par des chevaux.

Pl. XXXIX.

A eft une des quatre pieces de bois qui forment la bafe de la machine; B, B, font deux des quatre montans qui forment la cage; C eft une traverfe qui doit être très-folide, puifqu'elle tient la piece dans laquelle roule la grande roue à alluchons. La coupe qu'on a repréfentée ici eft la partie antérieure du moulin. Les trois montans B, B, B, à gauche, font à égale diftance l'un de l'autre; & comme on a pratiqué fur leur épaiffeur de larges rainures, ils fervent de guide aux fcies. D eft une des pieces de bois qui forment le couronnement de la machine; il eft même à propos de contre-buter toute cette cage de toute part pour en prévenir l'ébranlement.

Au milieu de la traverfe C eft une mortaife dans laquelle entre à tenons une piece de bois qui, par fon autre bout, va s'affembler de même dans une pareille traverfe, & à un point correfpondant de la piece d'en-bas. A eft une pareille mortaife qui reçoit une pareille traverfe. Lorfqu'on conftruira ce moulin fuivant ces principes, il fera à propos de rapporter des terres dans l'intérieur du manege où tournent les chevaux; fans cela la piece d'en-bas, dont on vient de parler, leur nuiroit confidérablement. On peut, au lieu de cette piece de bois, fixer en terre un fort dez de pierre, au milieu duquel fera fcellée en plomb une crapaudine ou grenouille de fer, dans laquelle roule le pivot de l'arbre Q. La grande roue E a dix-huit pieds de diametre : elle eſt montée ſur un fort arbre à huit pans dans toute ſa longueur, excepté à l'endroit où elle reçoit la roue, qui doit être quarré.

Cette roue eſt ſoutenue dans ſa poſition horizontale par quatre pieces de bois dont on ne voit que deux G, G, au-deſſous deſquelles ſont deux leviers F, qui ſe croiſent à angles droits, & au bout de chacun deſquels eſt un palonnier auquel on attelle les chevaux.

Sur la traverſe C, & ſur celle qui lui correſpond à l'autre extrémité de la machine, eſt une autre traverſe P ſur laquelle porte un des bouts de l'arbre qui porte la lanterne I, & les portions de lanternes K, K : celles-ci ſont poſées ſur l'arbre à l'oppoſite l'une de l'autre. On peut les conſtruire de deux manieres différentes ; on peut ne faire réellement que deux portions de lanternes concentriques à l'arbre, garnies d'un nombre de fuſeaux, tel que quand l'une engrene dans la piece à alluchons L, l'autre ceſſe d'engréner dans celle qui lui correſpond : ou bien, on peut placer ſur cet arbre deux lanternes entieres, qui n'auront que la quantité de fuſeaux capable de remplir l'objet qu'on ſe propoſe ; ce dernier moyen me ſemble plus ſolide. Au haut du montant du milieu des trois, à gauche, eſt une baſcule à quart de cercle O, O, ſur la circonférence de laquelle eſt fixée une chaîne ou une courroie ſolidement attachée aux pieces L, L, garnies dans leur longueur d'un certain nombre de dents ou alluchons pour engréner dans les portions de lanternes K, K : ces pieces ſont fixées aux châſſis des ſcies N, N, qui gliſſent dans les rainures pratiquées aux côtés des montans B, B, B ; M, M, ſont les deux pieces de bois à refendre : elles repoſent ſur des châſſis qui ſont

appellés

appellés à la rencontre des lames de la scie, au moyen d'un rochet, comme on l'a déjà vu pour d'autres moulins à scies; ainsi il faut appliquer à cette machine tout ce qu'on a dit des autres scies, quant à la maniere de faire avancer la piece à refendre. H est un volant fixé à quarré sur l'arbre d'une lanterne qui sert à régler le mouvement de la machine, à ce volant on peut adapter un rochet & un cliquet, afin que si les chevaux arrêtoient subitement ou ralentissoient leur marche, les dents de la roue & les fuseaux de la lanterne ne pussent en être altérés. On a déjà vu ailleurs la maniere de pratiquer ces cliquets.

JEU DE LA MACHINE.

Supposons qu'un, deux ou plusieurs chevaux sont attelés aux leviers qui doivent avoir le même rayon que la roue, cette roue fera tourner la lanterne I, & l'arbre qui la porte; celui-ci menera les deux portions de lanterne, & forcera la piece L, qui engrénera, à baisser, & à faire baisser une scie, tandis que l'autre sera relevée par la bascule, lorsque la piece dentée qui lui répond ne rencontrera plus de fuseaux qui se trouvent dans un sens opposé. Cette seconde portion de lanterne, revenue en-devant, rencontrera les dents de la piece qui étoit remontée librement, à l'instant où l'autre défengrénera, & la scie sera forcée de descendre, tandis que la premiere sera relevée par la bascule, & ainsi de suite. On peut tirer de cette machine plus ou moins de service, selon qu'on le jugera à propos. Par exemple, si l'on trouve après qu'elle sera construite que les scies pourroient, sans nuire à l'ouvrage, aller plus vîte,

Tome I.ᵉʳ.   O

on pourra atteler les chevaux fur un petit rayon ; ou, fi le tirage devenoit dans ce cas un peu trop rude, on mettra, pour engréner fur le rouet, une lanterne beaucoup plus petite. On pourroit auffi augmenter le nombre des alluchons fur le rouet. Si au contraire on veut faire marcher les fcies moins vîte, on diminuera le nombre des alluchons, on augmentera le diametre de la lanterne, on attellera les chevaux fur un plus grand rayon. Mais dans tous les cas on aura foin de ne placer de dents fur les deux pieces L, L, que ce qu'il en faut pour que les fcies levent & baiffent fans que leur monture ou châffis touche à la piece de bois qu'elles fendent. Il faut encore tâcher que cette levée & cette defcente ne fe faffent pas par fecouffes, ce qui arriveroit fi, les portions de lanternes étant des fegmens d'un trop grand cercle, il y avoit fur chacune peu de fufeaux; car alors, y ayant une grande diftance entre l'inftant où le dernier fufeau de l'une quitteroit, & celui où le premier fufeau de l'autre prendroit, tout ce temps fe pafferoit fans que les fcies fe muffent, & les chevaux ne rencontrant plus de réfiftance, iroient certainement plus vîte en cet endroit, & feroient arrêtés l'inftant d'après.

Comparons maintenant les produits de nos fcies avec celles mues par l'eau & par les hommes: celles mues par le vent ne fauroient entrer en comparaifon, puifque le défaut de vent, ainfi que fa trop grande force, obligent également de fufpendre tout travail.

J'ai remarqué que deux hommes produifent affez ordinaire-ment de trente à trente-cinq coups de fcies par minute, ce qui donne feize à dix-huit pouces de longueur quand le bois n'a pas huit pouces d'épaiffeur. Quand il va jufqu'à un pied, les coups ne font pas fi fréquents, à caufe de la plus grande quantité de matiere à déplacer.

Dans les moulins à l'eau, les fcies font ordinairement mifes en mouvement par une roue de quatre pieds de diametre, fur l'arbre de laquelle eft adaptée une manivelle de fept pouces d'excentricité. Les fcies peuvent par conféquent parcourir quatorze pouces. Quand l'eau eft abondante, la roue peut faire quatre-vingts tours par minute, la fcie peut produire quatre-vingt-treize pieds quatre pouces de trait: mais les moulins les mieux placés n'en produifent pas plus de la moitié, & d'autres ne vont pas la moitié de l'année.

Les fcies que je propofe parcourent autant de chemin que le cheval. Or, un cheval allant fon pas, peut parcourir 2000 toifes par heure, avec une réfiftance continue de 175 livres. Elles parcourront 200 pieds par minute, ce qui donne cent pieds de fciage par minute, pendant que les hommes n'en parcourront au plus que 52 & demi. Suppofons maintenant qu'un cheval ne puiffe vaincre que les deux tiers de ce que j'ai fuppofé, ce fera encore 130. Laiffons 30 livres pour les frottemens (ils ne fauroient monter fi haut): il me refte donc 100 livres de puiffance à donner à chacune des fcies, tandis que deux hommes n'en peuvent donner plus de 50. Il fuit de-là qu'un cheval peut faire autant d'ouvrage que huit Scieurs de long. Il n'y en a pas un à Paris qui ne gagne 3 livres par jour, & 40 fols en Province. En rabattant encore le tiers de ce que peut produire un cheval, il rapporteroit 16 livres par jour. Sur cette fomme il faut rabattre la dépenfe d'un homme pour conduire le cheval, & pour diriger les pieces de bois comme elles doivent être refendues. Suppofons qu'il gagne 40 fols, refte fur le produit 14 livres de net. Je fuppofe maintenant qu'il faille deux chevaux pour mener la machine , & que chacun coûte 40 fols à nourrir, refte 10 livres. Prenons encore 40 fols par jour pour leur entretien , & pour en acheter d'autres quand ils feront hors de fervice, le produit fera de 8 livres par jour.

La dépenfe de l'angar & du moulin peut monter à 8000 livres, dont l'intérêt par an eft de 400 livres , ce qui fait 1 livre 2 fols 3 deniers par jour. La dépenfe de l'angar une fois faite, on peut quadrupler la machine & faire mouvoir huit fcies au lieu de deux ; un homme pour conduire les quatre chevaux qu'il faudra , fuffira pour quatre comme pour un : il n'y a donc que le nombre des chevaux , leur nourriture & leur entretien d'augmentés fenfiblement , & le bénéfice le fera confidérablement.

J'aurai occafion dans le fecond Volume de revenir fur cette machine & fur plufieurs autres qu'on aura vues dans celui-ci, foit en les compliquant davantage , foit en les comparant à d'autres dont le principe fera le même.

MOUTON A MANIVELLES.

Pl. XL.

La planche XL repréfente un mouton à enfoncer les pieux , mu par le fecours de deux manivelles , à chacune defquelles on emploie un feul homme.

C'eft un principe élémentaire de mécanique, qu'on perd en vîteffe tout ce qu'on gagne en force , & réciproquement. L'objet que j'ai en vue , en propofant le mouton que je vais détailler , a été de ménager du côté de la dépenfe qu'entraîne un grand nombre d'Ouvriers lorfque l'ouvrage n'eft pas infiniment preffé.

A , A , A , font trois pieces de bois qui fervent d'empattement à la machine ; B , B , font deux montans qui fe réuniffent à tenons & mortaifes , embrevés dans la piece à couliffe C. Derriere la machine eft un troifieme montant qu'on ne fauroit voir , & qui reffemble à ceux B , B. D eft le mouton dont les queues gliffent dans la rainure de la piece C ; E , E , font deux traverfes qui ne fervent qu'à confolider la machine ; F eft une poulie d'un affez grand diametre , placée dans une entaille pratiquée au haut du montant C ; G eft une piece de bois ou chapeau qui tourne de tout fens comme la volée d'un gruau , & au bout duquel font deux poulies *a* , noyées dans fon épaiffeur , & fur lefquelles paffe un cable qui peut fervir au befoin à différens ufages , comme de mettre le pieu *à pic* , & de le retirer quand il en eft befoin ; H eft un tambour enarbré fur la piece de fer qui porte la roue L : ce tambour ou treuil roule des deux côtés dans les montans O , O : tout contre le tambour , eft une roue à rochets qui reçoit le cliquet ou détente K , dont on va voir l'ufage. Les deux montans O , O , font affemblés par le bas fur les deux couches ou femelles A , A , & entretenus par le haut au moyen de deux traverfes P , P , qui s'affemblent dans le montant qu'on ne fauroit voir , & dans ceux B , B. Au haut de ces montans O , O , eft une longue barre de fer , portant à chaque extrémité une manivelle N , qui ne doit pas être plus élevée que la portée de l'eftomac d'un homme de grandeur ordinaire. Sur cette barre eft enarbrée une roue de fer à alluchons M , qui engrene dans la roue à fufeaux L auffi de fer ; Q eft le mouton

qu'il s'agit d'enfoncer. Les deux petits montans qu'on voit
en K font de fer , & fixés folidement fur l'arbre même ,
avec lequel ils tournent. La piece qu'on voit au-deffous, près
de I , eft un contre-poids qui fait équilibre avec la pefanteur
de ces montans & la détente K. Au bas de la machine &
derriere le montant C , eft une poulie fur laquelle paffe la
corde qui de-là va fe fixer au mouton , ainfi qu'on l'a déjà
dit à tous les moutons qu'on a vus.

ʃJ E U D E L A M A C H I N E.

Deux hommes appliqués aux manivelles font tourner l'arbre
& la roue à alluchons : celle-ci fait tourner la roue à fufeaux,
& l'arbre fur lequel eft le tambour, ainfi que le rochet qui y
eft fixé. La détente & les montans qui la portent tournent avec
l'arbre. La corde s'enveloppant fur le tambour, fait monter
le mouton , & quand il eft arrivé au haut de la machine ,
l'homme placé à droite appuie la main fur la détente, qui ,
ne retenant plus le rochet , abandonne le mouton à fon propre
poids , & en peu de temps le pieu eft enfoncé; & au moyen
de la poulie qui eft au bas de la machine , il ne fe développe
de corde que ce qu'il en faut pour la chûte du mouton. Lorfqu'on veut mettre le pieu à pic , on peut envelopper le tambour d'un des bouts de la corde qui paffe fur le chapeau G ,
& la piece qu'on veut enlever eft bientôt portée à la hauteur
où on la defire.

RETRANCHEMENS.

La figure 1 , planche XLI , repréſente une charrette portant de forts fuſils qu'on nomme biſcayens , & en même temps des retranchemens qu'on peut oppoſer avec ſûreté aux incurſions de l'Infanterie & de la Cavalerie.

A , A , A , ſont trois fuſils montés ſur des pieces de fer , comme on le voit mieux figure 7. Au bas de ces pieces , qui portent les fuſils , eſt un tourillon qui entre dans des trous pratiqués dans la piece de bois B , placée au-deſſus de l'eſſieu de lacharrette ; C , C , ſont des eſpeces de contre-potences mobiles à leur point d'appui comme ſur un axe : ces contre-potences entrent à tenons & mortaiſes dans le bâtis de fer , d'un pouce quarré H , figure 5 ; au moyen de quoi , ôtant les fuſils de leur place , ſi on le juge à propos , on renverſe le bâtis K , figures 1 & 2 , ſur la charrette , pour le tranſporter où l'on veut : ce bâtis, qui eſt couvert de pluſieurs doubles de toute eſpece d'étoffe de laine ou couvertures , reçoit les balles des ennemis , qui viennent s'y amortir. Le bâtis eſt ſurmonté d'une barre de fer garnie de pointes auſſi de fer en tout ſens , formant une eſpece de hériſſon , qui empêche que les hommes ainſi que les chevaux ne puiſſent le franchir. On voit , figure 3 , les deux crochets à l'aide deſquels ce hériſſon eſt fixé au bâtis. La figure 2 repréſente le bâtis revêtu de ſes couvertures , & dépourvu du hériſſon ; au haut on voit deux crochets qui ſervent encore à contenir le hériſſon. La figure 4 repréſente la machine dépourvue de ſes roues , du bâtis & de fuſils. Sur les deux timons de cette eſpece d'avant-train , ſont des trous dans lefquels on paffe des anneaux à queue I, dans la figure 4. On paffe dans ces anneaux des bâtons, à l'aide defquels on traîne cet affût où l'on veut, lorfqu'on ne fauroit y atteler un cheval, ou qu'on ne le veut pas. La hauteur totale de ce retranchement eft à-peu-près celle des épaules des hommes de grandeur ordinaire. La figure 6 repréfente les contre-potences *c*, *c*, ainfi que le touret auquel elles font attachées : on voit aux deux bouts, les tourillons par le moyen defquels s'opere le renverfement du bâtis & du hériffon. Chaque tourillon tourne dans un anneau à queue D, près de la figure 6. Les Travailleurs font très-bien à couvert contre le feu de la moufqueterie des ennemis, derriere un pareil retranchement, & peuvent travailler à la tranchée.

CANON RETRANCHÉ.

Pl. XLII.

La figure 1ere, planche XLII, repréfente un canon monté fur une efpece d'affût aifé à tranfporter, & garni de retranchemens, à l'aide defquels on peut, en toute fûreté, en faire le fervice. Un long timon I, *à part*, s'affemble dans l'effieu C, au bout duquel font des tourillons qui reçoivent les deux roues. Une partie de ce timon eft quarrée, & reçoit la piece E, *à part*, qui a la faculté d'avancer & de reculer, au moyen des boulons à roulettes K, qui repofent fur le timon. Le canon eft fixé dans deux encoches, & retenu par des colliers de fer. On fent aifément que le canon, ainfi monté, a la liberté de reculer lorfque l'explofion lui donnera le mouvement de recul. L, *à part*, eft une piece de bois qu'on enfile dans le timon, & qui fert à le maintenir dans une pofition prefque horizontale.

tale. Les pieces de bois M, figure 1, fervent à traîner cet affût où on le defire. Un bâtis, tel qu'on le voit figure 4, eft fixé fur l'effieu par deux boulons à vis, & eft hériffé de pointes de fer ; les parties vuides font bouchées par deux châffis comme celui B figure 2, & deux comme celui B figure 3, & garnis d'étoffes de laine peu tendues, pour empêcher l'effet des balles des ennemis. Ce n'étoit pas affez d'être retranché der-riere cet affût, s'il eût fallu paffer devant le retranchement pour charger le canon. Des Canonniers font entrer dans le canon la cartouche, & avec la piece de fer recourbée G, G, H, figure 5, ils le bourrent en tirant fortement à eux, fans ceffer d'être à couvert du feu des ennemis. Rien n'eft auffi facile que d'ajufter le canon, au moyen de coins de mire plus ou moins forts qu'on place fous la culaffe ; & comme le canon recule de lui-même, on a foin, auffi-tôt qu'il eft chargé, de le pouffer le plus avant qu'on peut hors du retranchement, & dès que le coup eft tiré, il fe trouve pouffé en arriere, & difpofé pour être chargé de nouveau. On peut avoir des cuillers à charger, des écouvillons pour le nettoyer & le rafraîchir, courbés comme la piece à bourrer ; & pendant tout ce fervice, les Canonniers ne ceffent pas d'être à l'abri du feu des ennemis.

MOUTON A PÉDALES.

La planche XLIII repréfente un mouton propre à enfoncer des pieux, vu de face, de profil, & géométralement.

Pl. XLIII.

A, A, font les pieces de bois qui lui fervent d'empattement ; B, B, font les montans & la contre-fiche qui en empêche le renverfement en arriere. Le montant du milieu a une longue

Tome Ier.   P coulisse H, figure 1, large d'environ deux à trois pouces, dans laquelle glisse la queue du mouton N, figure 2. A six pieds ou environ au-dessus de la base A, est une forte traverse P, figure 2, dans laquelle s'assemble un montant Q auquel tient toute la mécanique. Sur un arbre de fer sont deux poulies F, F, sur lesquelles passent des cordes venant de dessus le demi-tambour D, D. Je dis demi-tambour, & ce n'en est réellement qu'un, ainsi qu'on peut le voir sur le plan géométral, figure 4, & en D, figure 1. Aux deux côtés de ce tambour sont fixées des pédales C, C, C, &c., figure 4, garnies de poignées, figure 1 ; les cordes E, figure 1, sont fixées au bas de ce tambour, & vont passer sur les poulies F, F, figure 2, savoir une comme on le voit en E, F, figure 1, & l'autre en se croisant au-dessous : ces deux poulies sont mobiles sur leur axe, & sont retenues chacune par un rochet placé en sens contraire de l'autre. Un cliquet ou détente fixé sur l'arbre même, permet à une poulie de tourner sur un sens sans résistance, & à l'autre dans le sens opposé. Lors donc qu'on met le pied sur une pédale, le demi-tambour tournant de ce côté, fait tourner les deux poulies dans un sens contraire, attendu qu'une corde passe pardessus l'une, & l'autre l'embrasse après s'être croisée pardessous : l'une emmene avec elle l'arbre & le treuil G, & l'autre dont le rochet glisse sous le cliquet, va prendre des dents au point le plus élevé : lorsque l'autre pédale est abaissée, la poulie qui tournoit en glissant sous le cliquet, arrêtée, force l'arbre de tourner du même côté, puisque la corde est croisée, & la premiere retourne sur ses pas chercher de nouvelles dents de son cliquet, & ainsi de suite.

La corde qu'éleve le mouton fait deux ou trois tours sur

le treuil G, qui tourne librement fur l'arbre, & n'eft retenu que par un autre cliquet qui engrene dans les dents d'une roue dentée & non à rochets ; & lorfque le mouton eft arrivé au haut de fa couliffe, un homme appuie fur la queue du cliquet, & laiffe échapper le treuil. Auffi-tôt le mouton, abandonné à fa propre pefanteur, tombe fur le pieu & l'enfonce : mais le cliquet reprenant auffi-tôt les dents de fa roue, & les pédales continuant d'être mues, le mouton eft fur le champ déterminé à remonter.

Afin que la corde, développée avec rapidité, ne foit pas emportée trop loin, on a foin d'en faire paffer le bout qui a fait deux tours entiers fur le treuil G, fur une poulie M qui tourne librement fur l'arbre du demi-tambour, & de-là va fe fixer à la queue du mouton en N. On corrige ainfi les faccades que la machine éprouveroit fans cela. La figure 3 repréfente la coupe géométrale ou la bafe de la machine, afin de rendre fenfible la pofition des pieces qui maintiennent toutes les parties de la mécanique. M eft la poulie d'en-bas fur fon arbre dénué du demi-tambour. On doit avoir attention de mettre au haut de la machine une poulie d'un affez grand diametre : par ce moyen on diminue les frottemens, & la corde eft moins promptement ufée. On peut remarquer que le bout du montant B, B, eft arrondi en-haut. Cet arrondiffement ou tourillon reçoit une piece de bois mobile, garnie de deux poulies fur lefquelles paffe une corde à l'aide de laquelle on enleve le pieu pour le mettre à pic ou pour l'arracher.

N O U V E A U   M O U L I N

A   S C I E R   L E S   B O I S.

La planche XLIV repréfente un moulin à débiter les bois, dont la mécanique , un peu plus compliquée que toutes celles qu'on a vues jufqu'ici, n'eft ni moins fûre ni moins expéditive.

A eft une des pieces de bois fur lefquelles eft montée toute la cage ; B , B , eft un des fix montans qui la forment, un à chaque angle , & deux au milieu fur la longueur : ces deux derniers font plus hauts que les quatre autres, afin de porter en même temps le toit de la machine faite en angar , ainfi qu'on peut le voir planche XLV. C eft une des deux traverfes fur lefquelles repofent les pieces de bois qui portent le comble; D , D , D , D , font quatre montans dont les deux du milieu font appuyés contre un troifieme montant B qui foulage le faîtage K , & entre lefquels gliffent les châffis des fcies dans de larges rainures ; E , E , font les châffis des fcies; F eft une des deux longues traverfes qui occupent la largeur de la machine , fur lefquelles les hommes qui donnent le jeu aux fcies pofent les pieds quand ils ceffent de pofer fur les fcies ; H , H , font les deux pieces de bois qui entrent , par leurs entailles, fur les traverfes des châffis des fcies, & qui portent les lames des fcies ; J , J , font deux autres traverfes attachées aux châffis, & fur lefquelles les hommes pofent leurs pieds quand ils pefent fur les fcies, ainfi qu'on le voit par la figure à gauche, planche XLIV. A la hauteur de leurs bras font , fur les châffis, des bras auxquels ils fe tiennent ; L eft le balancier mobile fur un boulon qui traverfe le montant du milieu B ; M, M, font deux contre-fiches qui rendent folide la charpente de l'angar par le milieu ; N eft une des deux griffes fixées comme à charniere aux montans des châffis de chaque fcie , & qui , en baiffant, prennent les dents d'un rochet qui fait avancer les pieces de bois qu'on débite , & auxquels je reviendrai bientôt : ces griffes font faites par leur bout d'en-bas en pied de biche , pour pofer fur les dents du rochet, & au moyen de leurs joues, ne pouvoir tomber ni à droite ni à gauche des rochets ; P, P, font deux des quatre couliffes fur lefquelles gliffent deux forts châffis qui portent les pieces de bois à refendre ; Q, Q, Q, Q, font les pieces de ces châffis ; R, R, font les extrémités du châffis, dans l'épaiffeur defquelles on voit deux poulies qui fervent à conduire le bois. Il faut fuppofer qu'à l'autre extrémité du châffis il y a de pareilles poulies : ceci fera rendu plus fenfible quand j'expliquerai les planches fuivantes.

La planche XLV repréfente la machine en perfpective fur deux fens. On y voit la pofition des hommes , celle des fcies qui gliffent de haut-en-bas dans leurs montans : on voit auffi le châffis Q , Q , qui gliffe dans les feuillures & fur celui P. R, R, R, font trois pieces de bois dont les deux des extrémités fixées fur les châffis Q, Q, & qui en font partie , portent une poulie horizontale S, fur leur épaiffeur. Quant à celle R du milieu , on la place à volonté , ainfi qu'on le verra tout-à-l'heure. Cette planche repréfente en général toute la machine élevée dans un endroit plein d'iné-galités de terrein. Il fuffit pour cela d'égaler à-peu-près les

Pl. XLV.

terres de niveau, & de caler avec des coins ou pieces de bois
les montans qui ne poſeroient pas comme il faut. Rien n'eſt
ſi aiſé que de pratiquer un léger toit avec des planches, pour
pouvoir travailler dans les plus mauvais temps de l'année. Les
pieces de cette planche ſont à peu de choſe près cotées des
mêmes lettres que les trois autres.

Pl. XLVI.

La planche XLVI repréſente les pieces ſéparées qui compoſent toute la machine. B, T, K, en repréſente un des côtés
ou *ferme* ; N, N, eſt le pied de biche vu ſur deux faces ;
L eſt le balancier ; O repréſente la roue à rochets enarbrée
ſur un petit rouleau dont je vais faire connoître tout-à-l'heure
l'uſage ; E eſt le châſſis d'une des ſcies ; I eſt une traverſe fixée
ſur les deux montans, & ſur laquelle l'homme met le pied
pour la faire deſcendre ; D, D, ſont deux montans du milieu
de la machine attachés contre celui B qui porte le comble
& le balancier L ; S, S, ſont les poulies qu'on a vues dans
les pieces de bois R, R ; V eſt une autre piece de bois cotée
auſſi R dans la planche précédente, ſur laquelle repoſe le bout
de la piece à refendre, & qui marche avec le châſſis, à meſure
que le trait de ſcie avance ; P, P, eſt le châſſis vu de deux
ſens, l'un perſpective, l'autre géométral : ce châſſis eſt l'aſſemblage de deux châſſis ; celui de deſſous, immobile, poſe ſur
les traverſes d'en-bas de la cage, & eſt maintenu en ſa place
par les coches qu'on voit aux extrémités. Au-deſſous du châſſis
inférieur eſt une encoche demi-circulaire, dans laquelle entrent
les collets de l'arbre qui porte la roue à rochets O, & qui eſt
retenu en place par le collier de fer qu'on y voit. Sur un
cylindre réſervé à cet arbre, roule une corde ſans fin qui paſſe

dans les deux poulies des pieces R , R , après y avoir fait un tour
entier , d'un côté dans un fens , & de l'autre dans un autre.
Les pieces R , R , font fixées au châffis de deffus ; par ce
moyen , auffi-tôt que la roue à rochets tourne , elle emmene
avec elle l'arbre & le cylindre , & les cordes fe développant
d'un côté & s'enveloppant d'un autre , attirent le châffis mobile & la piece de bois à refendre qui repofe deffus. L'encoche
& la fente qu'on voit à la piece de bois V fert à donner paffage
à la lame de la fcie & à la mâchoire dans laquelle elle eft
fixée. Les lignes ponctuées défignent fa pofition par rapport
aux deux côtés de la corde fans fin.

La planche XLVII repréfente une coupe géométrale de
toute la machine , ou plutôt la machine elle-même , repréfentée à vue d'oifeau. A , B , font les couches ; T font les
pieces inclinées qui portent le toit ; Q , Q , font le châffis fixe
fur lequel gliffe le châffis mobile ; X , X , font les cordes fans
fin ; V , V , font les deux pieces de bois qu'on place où
l'on veut pour foutenir , par un bout , la piece de bois qui ,
par l'autre , repofe fur la piece R ; I , I , font les deux marches fur lefquelles montent les hommes , & fous lefquelles
font cenfées être les fcies. Les pieces à queues qu'on voit
pardeffus , font des poignées paffées dans l'épaiffeur de la
traverfe fupérieure du châffis de chaque fcie , & auxquelles
fe tiennent les hommes ; K eft la traverfe ou faîtage
de l'angar.

Pl. XLVII.

Jeu de la Machine.

Pour entendre le jeu de la machine, il faut se reporter à la planche XLV. Un homme met le pied sur la marche J : la pesanteur de son corps fait baisser le châssis qui porte la lame de scie ; l'autre scie est à l'instant élevée : mais pour que la pesanteur du corps de l'homme dont la scie est relevée ne s'oppose pas à l'effort de l'autre, celui dont la scie va relever quitte la marche J, & se met sur la traverse F ; ou, pour mieux dire, chaque homme ne met jamais sur la marche J qu'un pied, & l'autre reste toujours sur la traverse F. Par ce moyen, quand il faut faire descendre la scie, il porte le poids de son corps sur la marche ; l'autre pied ne pose que légérement sur la traverse F. Quand le châssis baisse, une piece de bois, armée à son bout inférieur du pied de biche, & retenue dans le châssis de la scie par un boulon, sans lui ôter le mouvement de charniere, va saisir une dent du rochet qu'il fait reculer en alongeant par l'abaissement de la scie. L'arbre que mene la roue à rochets appelle un côté de la corde sans fin, & laisse aller l'autre, puisqu'elles sont dessus dans un sens opposé ; & le châssis, sur lequel porte la piece de bois à refendre, est appellé vers les dents de la scie, ce qui se répete chaque fois que la scie baisse. Pendant cette opération, l'autre scie est relevée, & l'homme qui la mene ayant porté le poids de son corps sur la traverse F, n'a plus le pied que légérement appuyé sur la traverse J, pour ne pas s'opposer à ce que la scie soit relevée : aussi-tôt qu'elle est arrivée à son plus haut point d'élévation, il se porte tout entier sur la traverse J,

que

que l'autre homme quitte à l'inftant , & ainfi de fuite.

Cette machine a la commodité de pouvoir être montée, en peu de temps, par-tout où l'on veut : elle eft très-expéditive ; fon fervice eft peu coûteux, puifque deux hommes ou quatre au plus , placés deux à deux en face l'un de l'autre à chaque fcie, peuvent la mettre en mouvement.

NOUVELLE MACHINE,

PROPRE A ENFONCER LES PIEUX.

Il n'eft perfonne qui ne connoiffe les moutons dont on fe fert ordinairement pour enfoncer les pieux. On les nomme fonnettes, parce que la maniere d'élever le mouton, reffemble au mouvement de ceux qui fonnent une cloche par le moyen d'une corde. La hauteur à laquelle on peut porter ce mouton eft déterminée, & ne fauroit être confidérable, puifqu'ils ne peuvent gueres tirer plus de quatre pieds de corde. On a toujours defiré pouvoir l'élever beaucoup plus haut, afin que fa chûte fît un plus grand effet fur le pieu : celui que je propofe a rempli cet objet, parce qu'on peut l'élever auffi haut qu'on defire en faifant les couliffes très-longues; & comme ce font des chevaux qui le font mouvoir, on peut lui donner un très-grand poids.

La figure 1 , planche XLVIII , repréfente le mouton vu de face ; la figure 2 le repréfente vu de profil, & la figure 3 géométralement ou en vue d'oifeau. A , A , &c. font quatre pieces de bois qui fervent de bafe à la machine, & fur lefquelles s'affemblent celles qui en forment la cage. Sur la piece

Pl. XLVIII.

de devant , figure 1 , s'élevent les deux montans C , C, aux
extrémités , qui vont s'affembler à embrévement dans le montant à couliffe B , B, qui reçoit le mouton ; fur la piece de
derriere , qu'on ne peut voir que figure 3 , s'élevent deux
autres, contre-fiches C , C, qui s'affemblent auffi dans le montant à couliffe, & qui donnent de l'affiette à la machine. Au-
deffus du montant B , B, eft une piece de bois ou chapeau ,
aux deux bouts duquel eft une poulie N , N , figure 1 , &
R , R , figure 2 , logée dans une mortaife pratiquée fur fon
épaiffeur. L'ufage de ces poulies eft d'élever le pieu pour le
mettre *à pic* , au moyen de la corde Q , Q , figure 2 , &
pour l'arracher s'il en eft befoin. E , E , E , &c. , figure 1 ,
font des traverfes qui s'affemblent dans les montans de devant,
& qu'on arrête par des chevilles , pour rendre la machine plus
folide , & au moyen defquelles on monte au-haut du mouton
pour faire paffer la corde L , figure 2 , fur la poulie placée
dans l'épaiffeur du montant à couliffe. Cette poulie doit être
d'un auffi grand diametre qu'on le peut , ainfi que dans toutes
les autres machines , tant pour ménager la corde , qui s'ufe
plus vîte fur une petite que fur une grande poulie , que parce
que les frottemens en font plus doux.

On choifit, pour faire le mouton , une piece de bois la
plus lourde & la plus compacte. On le fait ordinairement quarré;
mais on peut le faire rond tel qu'on le voit ici. Il eft à-propos
de le garnir de deux frettes ou cercles de fer haut & bas ,
pour empêcher qu'il ne fe fende. Sur fa hauteur font deux clefs
dont l'épaiffeur eft égale à la largeur de la couliffe , & qui
font clavetées parderriere les montans B , B, pour empêcher

qu'il ne forte de fa place : enfin , à la clavette d'en-bas eft attaché le bout de la corde L , figure 2 , dont nous détaillerons
bientôt l'ufage.

A-peu-près à fept pieds de la bafe eft un bâtis de bois dont
deux des pieces cotées D, D, figure 3 , font affemblées dans
la premiere traverfe de devant E , E , figure 1 , & dans les
montans de derriere. Une autre traverfe F , figure 3 , eft affemblée à ce bâtis , & reçoit , dans fon épaiffeur , le pivot du
treuil H , figure 2 , dont l'autre pivot roule dans une autre
traverfe affemblée dans celle A de la bafe , & répond perpendiculairement à la premiere ; fur la largeur de cette traverfe
F , roule le pivot de l'arbre G , J , figure 3 , & l'autre dans
une pareille traverfe auffi affemblée dans celle D , & fa parallele figure 3 ; au haut du treuil J , figure 2 , eft fixée une lanterne H , dont les fufeaux engrenent dans la roue dentée E ,
qui fait tourner l'arbre E , F , figure 2 , & G , J , figure 3.
Cette roue dentée E , figure 2 , & G , figure 3 , eft fixée folidement fur fon arbre , au lieu que le tambour F , figure 2 , &
J figure 3 , tourne à frottement fur l'axe de fer qui paffe au
centre de l'arbre : ce tambour eft garni d'un rochet dont on
apperçoit les dents , & eft retenu par un cliquet dont on voit
la détente en G figure 2 , & en K figure 3 , fur lequel appuie
un reffort fixé fur le corps de l'arbre même. La corde , qui
par un bout eft attachée au mouton en-deffus à un fort piton
à œil , paffe fur la grande poulie , de-là va faire trois tours fur
le tambour , paffe enfuite fur la poulie R qui eft au bas de la machine figure 2 , & va enfin par l'autre bout fe fixer au mouton. Par
ce moyen , lorfque le mouton tombe , il ne fe développe pas plus

Q 2

de corde qu'il ne faut, au lieu que si la corde étoit arrêtée sur le tambour, la force du mouton qui tombe feroit développer beaucoup plus de corde qu'il ne faut, & il faudroit tourner plusieurs tours du treuil avant que le mouton remontât : ainsi, avec cette précaution, il n'y a point de temps de perdu ; d'ailleurs, il faudroit veiller à ce que la corde se renveloppât exactement sur le treuil ou tambour.

A-peu-près à la hauteur de trois pieds sont quatre leviers M, M, M, M, figure 3, & J figure 2, qui passent au travers du treuil, de sept pieds de long chacun, auxquels on attelle des chevaux qui font mouvoir la machine.

Pl. XLIX.

La planche **XLIX** représente le même mouton vu parderriere. A est la piece d'en-bas. On voit qu'elle est plus courte que celle de devant : c'est-là précisément la longueur du bâtis qui contient la mécanique. B, B, sont les deux jumelles, ou plutôt le montant dans l'épaisseur duquel on pratique une coulisse pour laisser passer la queue du mouton ; C, C, C, C, sont les quatre montans : savoir ceux des extrémités qui sont ceux de devant, & ceux du milieu qui sont ceux de derriere ; O, O, D, est le mouton ; R est le tambour garni de son rochet ; & L est le cliquet qui en prend les dents. Quand le mouton est élevé à une hauteur suffisante, un homme leve la détente ; alors le mouton, abandonné à son propre poids, tombe sur le pieu, & lui imprime un coup d'autant plus fort que la chûte se fait de plus haut.

AVANTAGES de cette machine fur celles où on emploie des hommes.

On a quelquefois effayé d'employer des chevaux au lieu d'hommes pour des machines de cette efpece. L'ufage a appris qu'un homme n'eft pas fufceptible d'un effort continué de plus de 25 livres, en tirant ou pouffant devant lui, attendu que, quoiqu'il paroiffe parcourir un plan horizontal, l'effort qu'il a à vaincre le force de fe courber, ce qui eft le même que s'il marchoit fur un plan incliné. Quant au rapport du levier avec le treuil, il ne faut pas croire qu'il foit comme 7 eft à 1, parce que la réfiftance opérée par la roue dentée fur la lanterne étant à un demi-pied du centre du mouvement, il ne refte pour longueur du rayon de puiffance, que cinq pieds & demi : ainfi, chaque homme appliqué au levier ne donnera que 137 livres & demie de puiffance. Si le mouton pefe 1200 livres, il faut abfolument employer neuf hommes au moins : je dis au moins, à caufe des frottemens des poulies & des pivots, & du poids de la corde : ces leviers étant de fix pieds, les hommes décriront une circonférence d'environ 37 pieds 8 pouces ; ils ne peuvent gueres faire que deux tours par minute, & s'ils vont plus vîte, tout au plus trois tours : mais il eft difficile qu'ils puiffent réfifter à un travail continu. A ces neuf hommes, il faut en ajouter un dixieme qui ait continuellement les yeux fur le mouton, pour lâcher la détente quand il eft arrivé au haut.

J e u   d e   l a   M a c h i n e.

Suppofons un cheval attelé aux leviers J , figure 2 , & M , M , M , M , figure 3 , le treuil & la lanterne H tourneront. Celle-ci fera tourner la roue à alluchons E, qui , étant fixée fur l'arbre de fer, l'emmenera avec elle , ainfi que la poulie F , la roue dentée qui y eft fixée & la détente. Lorfque le mouton eft parvenu au haut de la machine , un homme lâche la détente. La poulie F n'ayant plus rien qui la retienne , permettra au mouton de tomber , & la corde , en fe développant d'un côté , s'enveloppera de l'autre , & ne fera jamais abandonnée à elle-même. Cette chûte eft l'affaire d'un inftant, au moyen de quoi les chevaux ne ceffant de tourner , on lâchera la détente qui fera fur le champ reprendre l'engrénage & monter le mouton. Il eft certain que les chevaux , appliqués à cette machine , lui procurent un très-grand avantage : en effet , on ne fauroit y employer moins de huit hommes , & , fi le mouton eft très-lourd , douze ou feize. Chacun d'eux a un très-grand poids à fupporter & fatigue beaucoup , parce que , marchant courbés , quoique fur un terrein uni & plat , ils font un effort femblable à ceux qui montent fur un terrein incliné : les chevaux qu'on peut employer à cet ufage peuvent être de rebut; pourvu qu'ils aient de la force , peu importe le refte.

Je fuppofe que le rayon du levier, auquel eft appliqué le cheval , eft de 7 pieds , & celui de la lanterne de 3 ; la force fe trouve multipliée quatre fois & deux tiers. La force d'un cheval eft de 175 livres pour un travail continu : fi on

la multiplie par 4 $\frac{2}{3}$, on aura un effort de 776 $\frac{2}{3}$, fur la lanterne qui eft fuppofée avoir 3 pieds de diametre, & qui les
communiquera à la roue d'engrénage qui en a 4 $\frac{1}{2}$ de circonférence, & le cylindre 3 : pour quoi il faut ajouter 388 livres
$\frac{1}{3}$; ce qui donne 1165 livres. Si l'on fuppofe que le mouton
pefe 900 livres, on aura un excédent de 255 livres au fou-
lagement du cheval.

J'ai dit que le rayon auquel le cheval eft attelé, eft de 7
pieds : on aura une circonférence de 42 pieds ; il fera quatre tours
$\frac{16}{21}$ par minute : il pourra élever le mouton de 30 pieds environ
par minute, avec la facilité de déterminer fa chûte à 4, 6,
8 ou 12 pieds de haut, & même plus fi on le veut.

Quoique j'aie déterminé le rayon auquel le cheval eft attelé,
à 7 pieds, on eft libre de lui donner telle longueur qu'on jugera à propos, en y proportionnant le diametre de la lanterne
de la roue dentée, &c. ; on peut également augmenter ou
diminuer la pefanteur du mouton, fuivant qu'on le jugera
néceffaire.

La planche XLIX repréfente la même machine vue parderriere ; ce que j'en ai dit me difpenfe d'entrer dans un nouveau détail.

GRUES D'UNE NOUVELLE FORME.

Les planches **L**, **LI** & **LII**, repréfentent une grue propre à Pl. L, LI & LII.
élever toutes fortes de fardeaux, à charger & décharger des
navires, bateaux, &c. La planche **L** en fait voir la coupe
géométrale, & les planches LI & LII l'élévation fur deux faces.
H, planche **LII**, eft un fort poinçon folidement fcellé en

terre , & retenu par quatre contre-fiches comme on en voit une en P , ou bien appuyé fur la bafe N° 1 planche L , qu'on a repréfenté fans aucune proportion , attendu qu'il doit avoir autant d'empattement qu'il eft poffible. Dans ce dernier cas , le bas du poinçon entre jufte dans le quarré de la croifée , & repofe deffus par l'épaulement réfervé fur chacune des quatre faces. A-peu-près au deux tiers dela hauteur de ce poinçon eft une partie arrondie , & d'un moindre diametre que lui , fur lequel repofe une moife B planche LII , & Z , N° 2 , planche L , formée , fuivant l'ufage , de deux pieces de bois qui embraffent le tourillon du poinçon , & deux autres pieces de bois dont on voit la coupe à côté , & dont je parlerai bientôt. Ces deux moifes font de toute la longueur du bâtis N° 2 planche L , & portent un bâtis folide formé par les pieces de bois Y , Y , Y , que l'on ferme en partie par des planches pour former un plancher mobile. & , & , font deux parties du plancher qu'on laiffe à jour , & qui forment deux trappes par où les Ouvriers arrivent fur le plancher , ainfi qu'on le verra plus bas. Aux quatre angles qui forment les traverfes Y , Y , Y , font des mortaifes qui reçoivent quatre forts montans , comme on en voit un en Q planches LI & LII , qui portent un très-fort châffis comme D. Au milieu des pieces des extrémités comme D , eft une entaille demi-circulaire qui reçoit les tourillons d'un fort arbre de bois O planches LI , aux extrémités duquel font de gros tambours ou cylindres de bois comme E planche LI , & comme C planche L. Sur ces tambours font pratiquées des rainures garnies de diftance en diftance de petits V de fer qui fervent à retenir les nœuds des cordes qu'on y voit. A la face intérieure de chaque tambour eft une roue qui reçoit un

cliquet

cliquet posé sur la traverse du châssis, & qui sert à tenir le fardeau à la hauteur qu'on desire, ainsi qu'à prévenir les accidens occasionnés par la rupture du cable ou par l'imprudence des Ouvriers qui, arrivés au bas, se décrocheroient trop vîte, avant que leurs camarades se fussent accrochés en haut. On fait embrasser par les deux moises deux pieces de bois comme G planche LII, & dont on a vu la coupe à côté du tourillon du poinçon planche L. Ces deux pieces sont inclinées à-peu-près suivant un angle de 45 degrés, & sont retenues par le haut, au moyen de la piece de bois T qui les assujettit. Au haut de chacune de ces pieces de bois est une poulie d'un grand diametre F, F, sur laquelle passe le cable qui fait deux tours sur l'arbre N° 3 planche L. En-dessous de la moise sont deux pieces de bois qu'on n'a représentées que sur la planche LI, qui doivent être posées de façon à pouvoir tourner avec la volée de la grue, sans rencontrer les contre-fiches qui contre-butent le poinçon. Elles servent à porter les échelles par le bas. On attache aussi aux pieces de bois Y, planche L, figure 2, des cordes qui servent d'appui aux hommes suspendus aux cordes nouées, afin qu'ils puissent, en les embrassant, régler la vîtesse de leur descente.

JEU DE LA MACHINE.

Des hommes montent par une des échelles sur le plancher, & passent par une trappe &. Là, munis d'une planche garnie de courroies & de crochets, ils l'attachent aux nœuds de la corde, se forment un siege, & abandonnent le poids de leur corps pour élever le fardeau. Comme le diametre des tambours est dans un très grand rapport avec celui de l'arbre, il force

Tome Ier.   R celui-ci à tourner ; & la corde, qui fait deux tours deſſus, eſt appellée d'un ou d'autre côté. Cette même corde paſſant ſur les poulies F, F, fait monter le fardeau N planche LII, qu'on ſuppoſe vouloir enlever d'un bateau, tandis que celui qu'on avoit précédemment enlevé, L, deſcend, & eſt reçu à terre. Si le cable venoit à caſſer, les hommes en ſeroient quittes pour deſcendre plus vîte au bas de la machine ; mais ils pourroient modérer leur deſcente, en embraſſant les cordes qu'ils ont devant eux. Si au contraire une corde nouée caſſe, ou qu'un homme ceſsât, par quelque cauſe imprévue, de faire contre-poids au fardeau, les cliquets qui prennent dans chaque dent au rochet, à meſure qu'ils paſſent, retiendroient le tout dans la poſition où il ſe trouveroit dans cet inſtant. Auſſi, nul danger pour ceux qu'on emploie au ſervice de cette machine.

MOULIN A BRAS.

Pl. LIII & LIV.

La machine, que repréſente la planche LIII, eſt un moulin mu par des hommes qui tournent tour-à-tour en pouſſant devant eux les bras des quatre leviers qui font tourner le rouet.

A eſt une des quatre pieces de bois qui ſervent de baſe à la cage ; B, B, ſont deux des quatre montans qui forment la cage ; C eſt une des deux traverſes qui aſſemblent chacun des montans deux à deux ; D, D, ſont deux des montans qui portent le trottoir qu'on voit autour de la machine planche LIV, ſur lequel les hommes marchent, & pour cela on le couvre de planches pour former un plancher ; E eſt une des traverſes qui rendent la cage ſolide, en même temps qu'elles ſervent à porter celle *b*, fur laquelle roule le pivot du rouet G ; F eft la traverfe d'en-haut dans laquelle, & dans fa pareille, s'affemblent d'autres traverfes *c*, *d*, qui reçoivent l'une le bout du pivot de la lanterne K, & l'autre le collet de l'arbre de la roue dentée G. Dans la traverfe E en eft une autre dont on voit le tenon *e*, & qui tient de même dans une pareille traverfe à l'autre côté de la cage, dans la longueur de laquelle roule le pivot du grand arbre qui mene les meules. Le pivot d'en-bas de la roue I repofe fur une autre traverfe dont on voit le bout en *a*, & dont l'autre bout eft porté fur la pareille traverfe de l'autre côté. L'arbre qui mene les meules repofe fur la traverfe Q qu'on a fortement ombrée fur cette figure, pour rendre fenfible fa pofition dans la machine ; en effet, il faut fe la repréfenter au milieu des deux traverfes dont on voit les tenons en *f*, *f*. P eft une traverfe portant un plancher fur lequel eft un bâtis qui contient l'archure & les meules ; M, au-deffus, eft la trémie & l'auget par lequel le grain fe rend entre les meules par le centre. Si donc les hommes pouffent devant eux les bras O des leviers N, planche LIV, qui repréfente la même machine vue géométralement, ils feront tourner la grande roue, qui, comme on le voit planche LIV, eft au centre de la machine : celle-ci fera tourner la lanterne H & la roue I, & enfin la lanterne K & la meule M. O, O, planche LIV, eft le trottoir circulaire, élevé à la hauteur des montans D, planche LIII, fur lequel marchent les hommes. On voit que cette portion circulaire eft circonfcrite à la machine, & qu'il feroit poffible de gagner de la place en rendant la cage octogone, & reculant un peu, ou rendant plus petite de diametre la roue I : car dans la planche LIV, on

R 2

l'a repréſentée débordant un des côtés de la cage beaucoup plus que dans la planche LIII. Les deux leviers N, aſſemblés en croix au milieu, doivent être armés deſſus & deſſous d'une croiſée de fer, afin de réſiſter aux efforts que les hommes leur impriment, & à la réſiſtance du rouage, ſur‑tout étant affoiblis en cet endroit par le trou du quarré de l'arbre de la roue G.

MOULIN A CYLINDRES.

Pl. LV & LVI.

Les planches LV & LVI repréſentent un moulin à cylindres, pour laminer différentes matieres, comme plomb, cuivre, or & argent, mu par le ſecours des chevaux. La planche LV le repréſente en perſpective ſur ſa longueur, & celle LVI vu géométralement.

A eſt une des folles; B, B, B, B, font quatre des huit montans dont la cage eſt compoſée; C eſt une traverſe placée un peu plus haut que la moitié de la hauteur de la cage, qui, avec celle qui lui eſt parallele de l'autre côté, porte une piece de bois dont on voit un tenon en a, & qui, ſur la longueur, reçoit le pivot de la lanterne qui engrene dans le grand rouet: l'autre pivot du même arbre roule dans une pareille traverſe dont on voit le tenon en C. Sur la même traverſe Q, & ſur ſa ſemblable de l'autre côté, eſt aſſemblée une piece de bois dont on voit un des tenons en b, & qui porte le petit lanternon I, qui mene le volant K, qui ſert à régler le mouvement de la machine. Sur la hauteur d'un des montans du milieu, & à pareille poſition ſur celui qui lui eſt parallele, eſt une traverſe dont un des tenons eſt en a, qui porte un fort arbre de fer qui roule au milieu de la longueur de cette traverfe, & de celle dont on voit le tenon en *f* à l'autre bout de l'arbre ; fur cet arbre eft fixée une roue dentée qui engrene dans la lanterne L, & le cylindre fupérieur N. Après le cylindre eft, fur le même arbre, une lanterne O qui mene la roue P, qui doit être d'un diametre égal à celui de la roue, & garnie d'un nombre de dents égal à celui des fufeaux de la lanterne, afin que les deux cylindres tournent d'un mouvement uniforme ; F eft une forte piece de bois fur laquelle eft fixée la grande roue à alluchons E : fes deux bouts roulent dans des traverfes dont on voit les tenons haut & bas. A-peu-près à deux pieds & demi de terre font quatre leviers d'un auffi grand rayon que celui de la roue, au bout defquels font des palonniers H, H, auxquels on attelle des chevaux.

JEU DE LA MACHINE.

Les chevaux attelés aux palonniers H, H, font tourner la grande roue à alluchons E : celle-ci mene la lanterne à fufeaux fur fa longueur, & à dents fur une de fes faces : celle-ci par fes dents mene la lanterne I, & le volant K qui fert de modérateur à la machine. Sur le même arbre que la premiere lanterne, en eft une autre L qui mene la roue M, & par conféquent le cylindre fupérieur. Il eût pu paroître fuffifant, pour mener le fecond cylindre, du frottement que la matiere qu'on fait paffer entre deux y éprouve ; mais il eft plus fûr de les faire engréner l'un dans l'autre comme on le voit en O, P. Rien n'eft auffi aifé que de donner plus ou moins d'écartement aux cylindres pour laminer plus ou moins épais ce qu'on y fait paffer ; il fuffit de levier avec des vis un peu plus ou moins les traverfes qui portent le cylindre de deffous à chaque bout : pour cela ces traverfes doivent être un peu libres dans les mortaifes *e* , *g* , qui portent leurs tenons.

Pour rendre plus fenfible la pofition refpeétive de toutes les pieces de cette machine , je les ai fait repréfenter vues pardeffus. On voit le châffis qui termine la cage pardeffus ; les traverfes dans lefquelles roulent les lanternes & les cylindres ; & fur la traverfe au-deffus de la grande roue , de quelle maniere le collet de l'arbre qui la porte eft placé entre une piece de rapport qu'on ferre à volonté par le moyen d'un boulon à vis. Le volant qui, dans la planche précédente, paroiffoit n'avoir que deux aîles , en a trois garnies de boules de plomb fondu , pour régler le mouvement de la machine,

MOULIN A PÉDALES,

Pl. LVII &
LVIII.

Le deffein de préfenter le moulin à pédales pour toutes les pofitions & emplacemens poffibles , m'a déterminé à en difpofer la mécanique telle qu'on la voit dans les planches LVII & LVIII. Dans une cage de charpente folide, A , B , C , C , D , E , planche LVII , font placées des meules & leur archure. Sur les traverfes P , dont on n'en voit qu'une , eft placé l'axe de la grande roue G , repréfentée en face planche LVIII. A chaque côté de cette roue , & fur le même arbre , font fixés deux rochets d'une certaine épaiffeur fur l'arbre même ; & de chaque côté de la roue font deux pédales qu'on ne fauroit bien diftinguer planche LVII , & qu'on voit mieux planche LVIII en A , A : contre ces pédales , & tout près des rochets , font des

pieces de fer courbées à double courbure, portant à leur fom-
met un cliquet très-mobile qui, par fon propre poids, cherchant
la ligne perpendiculaire , prend alternativement les dents de
chaque rochet. Sur cette même traverfe D s'éleve un bâtis de
bois comme I, K, K, planche LVII, au milieu duquel eft
une traverfe qui va repofer fur un pareil bâtis de l'autre côté.
Sur cette traverfe eft une bafcule garnie de deux portions de
cercle à rainure, dans lefquelles font placés des bouts de corde
aboutiffant aux marches A, A, & fixées fur le rayon fupérieur
de la portion de cercle. Deux hommes montés fur la planche
M, mettent alternativement le pied fur la marche qui leur
correfpond, & mettent la machine en jeu. On fent qu'au moyen
de la bafcule, quand une marche eft abaiffée, l'autre eft auffi-
tôt relevée, & toujours de même. La grande roue à alluchons
fait tourner la lanterne H enarbrée fur l'*anille* de la meule Q.
La traverfe N, qui repofe dans une encoche pratiquée au milieu
de celle O, porte au milieu de fa longueur la grenouille dans
laquelle repofe le pivot de l'axe de la meule ; & au moyen des
coins qu'on peut placer aux côtés de la traverfe O, pour diriger
à droite ou à gauche l'axe de la meule, & lui faire prendre la
ligne perpendiculaire par le fecours de la vis, qu'on voit
fur le montant à gauche B, on peut donner plus ou moins
d'écartement aux meules, & obtenir par ce moyen de la farine
plus ou moins fine.

MARTINETS

MUS PAR DES CHEVAUX.

Les martinets ou gros marteaux de forges font ordinairement mus par le fecours de l'eau ; & certainement ce moteur eft le plus fûr & le moins difpendieux : mais comme il pourroit fe faire qu'on eût intérêt d'établir les *ufines* dans un endroit où il n'y eût pas de courant d'eau , il m'a paru avantageux d'y fuppléer par une machine qui en tînt lieu. J'ai donc imaginé celle que je vais détailler.

Sur quatre pieces de bois comme **A**, formant la bafe de la machine, s'élevent quatre montans comme **B , B**, aux quatre angles , affemblés par le haut par quatre autres pieces de bois comme **F**. A-peu-près au tiers de la hauteur de cette cage eft, fur chaque face de fa longueur , un montant **U** folidement affemblé haut & bas. Environ à la moitié de la hauteur, & toujours fur la longueur, font deux fortes traverfes **E** , affem-blées dans les montans **B , U** , & dans une defquelles, ainfi que dans la piece d'en-bas, font affemblés quatre forts montans **Q , Q , Q , Q** , dont on va voir l'ufage. A-peu-près à la hauteur des traverfes **E** font deux autres traverfes fur la largeur de la cage , & dont on ne voit ici que les tenons *b , b*. Sur les traverfes **C & D** , & près des montans **U**, font deux autres traverfes dont on ne peut encore voir que les tenons *c , c* ; fur les mêmes tra-verfes **C**, en eft une autre au milieu de l'efpace compris entre le montant **U** & la traverfe *c* , fur laquelle roule le pivot de la lanterne **M** ; enfin, dans les pieces d'en-haut **F**, eft une traverfe pofée perpendiculairement à celle dont on voit le bout fous la

lanterne

lanterne M. Au milieu de l'efpace compris entre les montans U , B , & fur la traverfe F , eft une piece de bois dont on n'apperçoit que le tenon , & dans laquelle roule le pivot de l'arbre du grand rouet ; G eft une forte piece de bois qui porte la roue ou rouet à alluchons H , foutenu dans fa pofition horizontale au moyen des pieces de bois I , I, au nombre de quatre, une fur chaque face de l'arbre. Cet arbre roule, ainfi qu'on l'a dit , par le haut , dans la traverfe dont on ne voit que le tenon , & par le bas , dans une grenouille encaftrée dans un dez de pierre fortement fcellé en maçonnerie dans la terre ; & pour que le mouvement foit plus doux , l'arbre porte en haut un tourillon de fer, & en bas un d'acier trempé légérement , & de plus armé de frettes de fer qui empêchent qu'il ne fende à fes extrémités. Les alluchons qui garniffent ce rouet font en-deffous, afin d'engréner dans la lanterne K fixée fur le même arbre que celle L, parce qu'elles doivent tourner enfemble. L'arbre qui les porte eft de fer , & roule dans les traverfes d'on non ne voit que le bout des tenons en c , c , fur les pieces de bois C , C. La lanterne L mene la roue dentée O , fixée fur un arbre P de bois , & d'environ douze à quatorze pouces de diametre ; à chaque extrémité duquel font des tourillons de fer qui roulent dans les traverfes dont on ne voit que les tenons en b , b , fur les montans B , U : cet arbre doit être garni de *frettes* ou cercles de fer à chacune de fes extrémités , pour empêcher qu'il ne fende , & pour contenir les tourillons. On en ufe ainfi en mécanique à toutes les pieces ifolées qui ont du mouvement, ou dont les extrémités ne font fixées dans aucune autre piece de bois , comme poinçons de grues , & tous les arbres de moulins : il eft même à propos d'armer de plufieurs

Tome Ier.   S

frettes, fur leur longueur, les pieces qu'on craint qui n'éclatent par quelqu'effort. Alors ces frettes font placées à chaud & de force, fi la forme de la piece le permet; finon, on les forme de deux équerres, à un bout de chacune defquelles eft un œil, & l'autre bout eft taraudé. On conçoit que ces deux équerres entrant l'une dans l'autre par leurs extrémités, embraffent la piece, & la ferrent à volonté au moyen de deux écrous. L'arbre P eft garni fur fa longueur en quatre endroits, & à trois diftances égales, d'un certain nombre de taquets formant rochets, pour faifir en tournant les queues a, a, a, a, des marteaux R, R, R, R. Les montans Q, Q, Q, Q, affemblés dans la traverfe E, & dans celle d'en-bas A, ont prefque au haut une mortaife dans laquelle paffent les queues des marteaux, & où ils font fixés fur des boulons, afin de pouvoir hauffer & baiffer, à mefure que les taquets de l'arbre en rencontrent les extrémités; & dès que le taquet quitte le bout, le marteau, abandonné à fon propre poids, tombe fur l'enclume S.

J'ai repréfenté ici quatre marteaux & quatre enclumes: ce n'eft pas qu'ils fervent à-la-fois à quatre Ouvriers différens; cela feroit impoffible, parce qu'un Ouvrier ayant fouvent à ne donner de *chaude* qu'à un morceau de fer de peu de volume, & une autre à un très-gros, ce feroit une trop grande fujétion de lâcher & d'arrêter le marteau dont on n'auroit plus befoin, tandis qu'un autre devroit fe mouvoir. Il ne faut pas non plus imaginer qu'ils puiffent aller tous quatre à-la-fois, pour qu'on puiffe fe fervir de celui dont on a befoin; fi cela étoit ainfi, ils feroient bientôt brifés, puifqu'ils battroient à vuide fur l'enclume: mais fi l'on y fait attention, de ces quatre marteaux, deux font très-forts & deux plus petits; des deux forts, un a la *panne* en face & l'autre de côté : il en eſt de même des deux petits.

Pour modérer & régler le mouvement de cette machine , on fait engréner , dans les dents extérieures de la lanterne L , une autre lanterne M , dont l'arbre roule ſur une traverſe dont on ne voit que le bout , & dans une autre ſur la traverſe F. Le haut de cet arbre eſt terminé par un quarré. dans lequel entre un volant garni de plomb à ſes extrémités , tel qu'eſt en petit le volant d'un tourne-broche. Sur l'arbre du grand rouet ſont deux longs leviers qui ſe croiſent à angles droits , ſans ſe rencontrer , & qui forment quatre rayons auxquels on peut atteler quatre chevaux , au moyen de palonniers tels que les deux qui ſont repréſentés ſur la figure. On conçoit que le plus ou moins de rapidité du mouvement dépend du rapport du diametre du rouet & du nombre d'alluchons dont il eſt garni , au diametre de la lanterne K, de celle L & de la roue O. On eſt libre de faire marcher cette machine auſſi vîte qu'on le deſire ; c'eſt au Conſtructeur intelligent à combiner ces rapports.

J'ai oublié de dire que , quand on ne veut pas que les marteaux levent, on en arrête la queue au moyen de courroies ou de chaînes de fer arrêtées ſolidement en terre , & qui empêchent qu'elle ne prenne ſur les taquets de l'arbre: on ne lâche que celui dont on a beſoin.

MANIERE DE DRESSER LES MEULES.

On a vu juſqu'ici que le moyen dont on ſe ſert communément pour hauſſer , baiſſer & dreſſer la meule mobile , & que j'ai rapporté dans tous les moulins dont j'ai donné la deſcription , conſiſte à ſoulever avec des coins plus ou moins forts, ou

Pl. LX.

bien avec une vis placée fur un des montans de la cage, la traverfe fur laquelle roule le pivot de l'arbre qui mene cette meule. Mais outre que cette méthode n'eft pas fûre, en ce qu'en levant cette traverfe par un bout, elle prend néceffai-ment une pofition inclinée qu'elle peut communiquer à la meule ; il peut encore arriver que, par des effets imprévus, la meule prenne du biais dans tout autre fens, & qu'alors elle ne tourne plus parallélement à celle qui eft immobile, ce qui rendra la mouture inégale. Pour remédier à cet inconvénient, & s'affurer d'un parallélifme parfait entre les deux meules, j'ai imaginé de placer la grenouille, figure 1, entre les quatre pieces de bois qui forment le châffis A, A, B, B, figure 2 ; de faire pofer ce châffis fur deux traverfes C, C, même figure, & d'affu-jettir ce même châffis en place par fix vis, au moyen defquelles l'arbre qui roule au milieu de cette grenouille peut être porté à droite ou à gauche, en avant ou en arriere, & même dans tous les fens, en compofant fon mouvement des deux premiers. Le grand châffis eft porté lui-même fur les tra-verfes de la cage E, E, & affujetti de la maniere la plus folide, au moyen de quatre boulons à vis a, a, même figure, ou figure 3 : voilà pour le parallélifme. Mais il falloit encore faire monter ou defcendre la grenouille parallélement à lui-même, ou lui rendre le parallélifme, fi quelqu'événement le lui fait perdre. Pour cela, j'appuie le bout arrondi de la grenouille, figure 2, fur une traverfe ou levier A qui repofe près de fon extrémité fur le point d'appui B, & que, par l'autre extrémité, on peut fixer où l'on veut, en mettant en-deffous des coins plus ou moins forts felon le befoin. On peut encore fubftituer à ce levier une vis A, figure 4, qui éleve la grenouille plus ou moins, felon qu'on le defire. Cette méthode, qui n'a été jufqu'ici propofée par perfonne que je fache, eft très-fimple, & remédie parfaitement au défaut de parallélifme, & place les meules dans une pofition perpendiculaire au plan fur lequel elle tourne.

Les defcriptions que je viens de donner paroîtront peut-être un peu fommaires ; mais j'ai écrit principalement pour les perfonnes qui, voulant faire conftruire par économie, n'ont befoin que de légeres indications fur la conftruction des machines & la difpofition des pieces qui les compofent. Je n'ai jamais eu en vue de donner un Traité de Mécanique ; cette entreprife eût fans doute été au-deffus de mes forces : mais, après avoir paffé toute ma vie à imaginer & à exécuter beaucoup de machines dont plufieurs ont été approuvées de différentes Compagnies favantes, j'ai cru devoir en donner au Public la defcription la plus fommaire, perfuadé que l'infpection des planches fuppléeroit à la briéveté du difcours, fuivant le précepte d'Horace :

> *Segniùs irritant animos demiffa per aurem,*
> *Quàm quæ funt oculis fubjecta fidelibus.*

Au furplus j'aurai occafion, dans le fecond Volume, de revenir fur quelques-unes des figures que j'ai expliquées dans celui-ci, en en expliquant de plus compofées qui y ont quelque rapport ; & j'ai craint qu'on ne me taxât de m'appefantir un peu trop fur un fujet auquel je fuis contraint de revenir enfuite.

Fin du premier Volume.

APPROBATION.

J'AI lu, par ordre de Monseigneur le Garde des Sceaux, un Ouvrage intitulé : *La Mécanique appliquée aux Arts, aux Manufactures, à l'Agriculture & à la Guerre, &c.*, par M. BERTHELOT, Ingénieur. L'application que l'Auteur donne depuis plusieurs années à cette partie des Mécaniques, les différentes machines qu'il a inventées & exécutées dans la vue principalement de servir la Société, nous donnent lieu de penser que cet Ouvrage ne peut qu'être agréable & utile au Public. Fait à Versailles, le 2 Avril 1781. MONTUCLA.

PRIVILEGE DU ROI.

LOUIS, par la grace de Dieu, Roi de France & de Navarre: A nos amés & féaux Conseillers, les Gens tenans nos Cours de Parlement, Maîtres des Requêtes ordinaires de notre Hôtel, Grand Conseil, Prévôt de Paris, Baillifs, Sénéchaux, leurs Lieutenans civils, & autres nos Justiciers qu'il appartiendra, SALUT. Notre bien amé le sieur BERTHELOT, Ingénieur, Nous a fait exposer qu'il desireroit faire imprimer & donner au Public un Ouvrage de sa composition, intitulé : *La Mécanique appliquée aux Arts, aux Manufactures, à l'Agriculture & à la Guerre*, orné de planches en taille-douce, s'il Nous plaisoit lui accorder nos Lettres de Privilège à ce nécessaires. A CES CAUSES, voulant favorablement traiter l'Exposant, Nous lui avons permis & permettons de faire imprimer ledit Ouvrage autant de fois que bon lui semblera, & de le vendre, faire vendre par tout notre Royaume. Voulons qu'il jouisse de l'effet du présent Privilège, pour lui & ses hoirs à perpétuité, pourvu qu'il ne le rétrocede à personne ; & si cependant il jugeoit à propos d'en faire une cession, l'acte qui la contiendra sera enregistré en la Chambre Syndicale de Paris, à peine de nullité, tant du Privilège que de la cession ; & alors, par le fait seul de la cession enregistrée, la durée du présent Privilège sera réduite à celle de la vie de l'Exposant ou à celle de dix années, à compter de ce jour, si l'Exposant décède avant l'expiration desdites dix années : le tout conformément aux articles IV & V de l'Arrêt du Conseil du 30 Août 1777, portant Réglement sur la durée des Privilèges en Librairie. Faisons défenses à tous Imprimeurs, Libraires, & autres personnes, de quelque qualité & condition qu'elles soient, d'en introduire d'impression étrangère dans aucun lieu de notre obéissance; comme aussi d'imprimer ou faire imprimer, vendre, faire vendre, débiter ni contrefaire ledit Ouvrage, sous quelque prétexte que ce puisse être, sans la permission expresse & par écrit dudit Exposant, ses hoirs ou ayants cause, à peine de saisie & de confiscation des exemplaires contrefaits, de six mille livres d'amende, qui ne pourra être modérée pour la première fois, de pareille amende & de déchéance d'état en cas de récidive, & de tous dépens, dommages & intérêts, conformément à l'Arrêt du Conseil du 30 Août 1777, concernant les contrefaçons. A la charge que ces Présentes seront enregistrées tout au long sur le Registre de la Communauté des Imprimeurs & Libraires de Paris, dans trois mois de la date d'icelles ; que l'impression dudit Ouvrage sera faite dans notre Royaume, & non ailleurs, en beau papier & beaux caractères, conformément aux Réglemens de la Librairie, à peine de déchéance du présent Privilège ; qu'avant de l'exposer en vente, le manuscrit qui aura servi de copie à l'impression dudit Ouvrage, sera remis dans le même état où l'Approbation y aura été donnée, ès mains de notre très-cher & féal Chevalier, Garde des Sceaux de France, le Sieur HUE DE MIROMESNIL, Commandeur de nos Ordres ; qu'il en sera ensuite remis deux Exemplaires dans notre Bibliotheque publique, un dans celle de notre Château du Louvre, un dans celle de notre très-cher & féal Chevalier, Chancelier de France, le Sieur DE MAUPEOU, & un dans celle dudit Sieur HUE DE MIROMESNIL ; le tout à peine de nullité des Présentes, du contenu desquelles vous mandons & enjoignons de faire jouir ledit Exposant & ses ayants cause, pleinement & paisiblement, sans souffrir qu'il leur soit fait aucun trouble ou empêchement : Voulons que la copie des Présentes, qui sera imprimée tout au long, au commencement ou à la fin dudit Ouvrage, soit tenue pour duement signifiée, & qu'aux copies collationnées par l'un de nos amés & féaux Conseillers-Secrétaires, foi soit ajoutée comme à l'original. Commandons au premier notre Huiffier ou Sergent fur ce requis , de faire pour l'exécution d'icelles tous actes requis & néceffaires, fans demander autre permiffion , & nonobftant clameur de Haro , Charte Normande, & Lettres à ce contraires : Car tel eft notre plaifir. Donne' à Paris le dix-huitieme jour du mois de Juillet , l'an de grace mil fept cent quatre-vingt-un , & de notre règne le huitième. Par le Roi en fon Confeil. LE BEGUE.

Regiftré fur le Regiftre XXI de la Chambre Royale & Syndicale des Libraires & Imprimeurs de Paris , n°. 2380, fol. 530 , conformément aux difpofitions énoncées dans le préfent Privilége , & à la charge de remettre à ladite Chambre les huit exemplaires prefcrits par l'article 108 du Réglement de 1723. A Paris , ce 21 Juillet 1781. LE CLERC, Syndic.

Malgré tous les foins qu'on s'eft donnés pour cette Edition , il s'eft encore gliffé quelques fautes que le Lecteur eft prié de corriger.

Page 51 , *ligne* 25 , par minute ; *lifez* feconde.
Page 60 , *ligne* 6, à ces barres F ; *ôtez* F.
Page 74, *ligne* 15 , les tringles D , D ; *lifez* E, E.
Page 86 , *ligne* 18 , alluchons *b , b*; *ôtez b , b.*
Page 89, *ligne* 3 , en farine; *lifez* en farine & en fon.

QUITTANCE DE SOUSCRIPTION.

*J*E *fouffigné , Auteur de l'Ouvrage intitulé :* La Mécanique appliquée aux Arts , aux Manufactures , à l'Agriculture & à la Guerre , *reconnois avoir reçu de M*

la fomme de quarante-huit livres pour le premier Volume in-4°, orné de foixante Planches , fans préjudice du fecond & dernier Volume , contenant également foixante Planches , qu' retirera dans le courant de Mars prochain , en payant 24 livres.

A Paris , ce du mois d 178

N°I

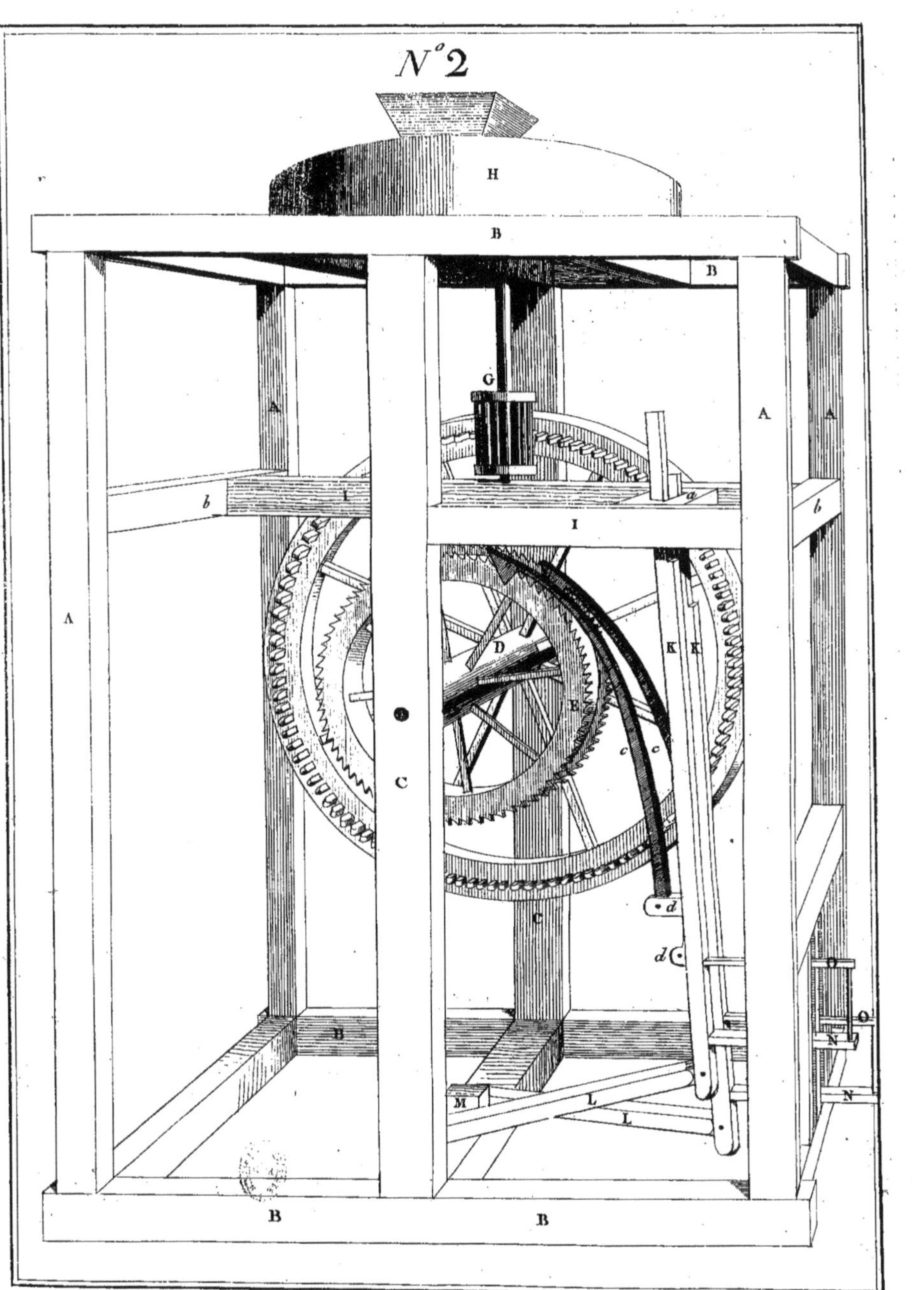

N°2
H
B
B
A
A
A
G
b
a
b
I
D
K K
A
E
c c
C
c
C
d
d
d
B
O
N O
M
L N
L
B
B

N.º 5
B
C
D
A
A
F F
G
G
D
a
a
a
a
M
N
O
E
B
L

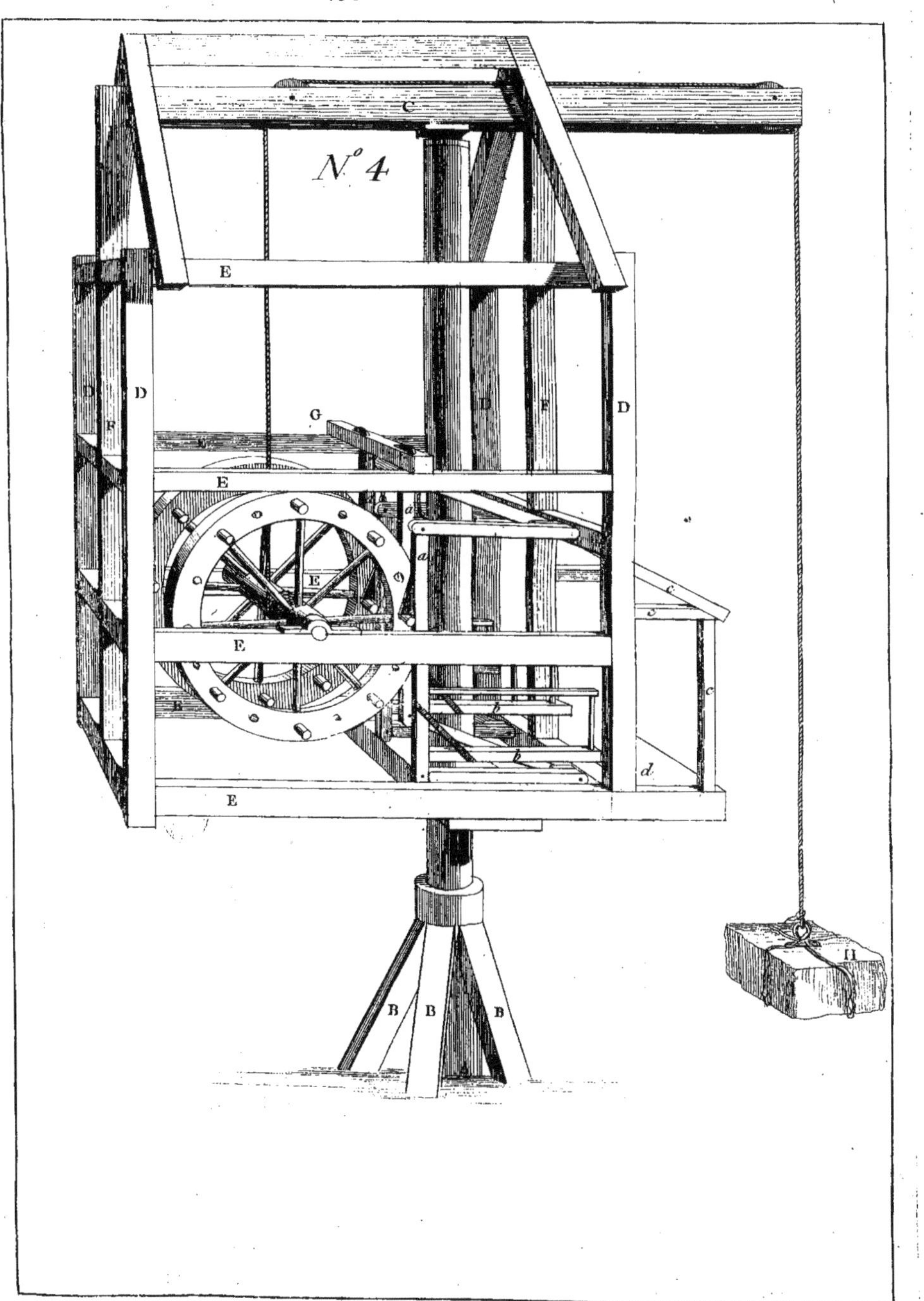

N.º 4
C
E
D
D
G
E
E
E
E
D
F
D
a
a
E
c
c
c
d
B
B
B
B
H

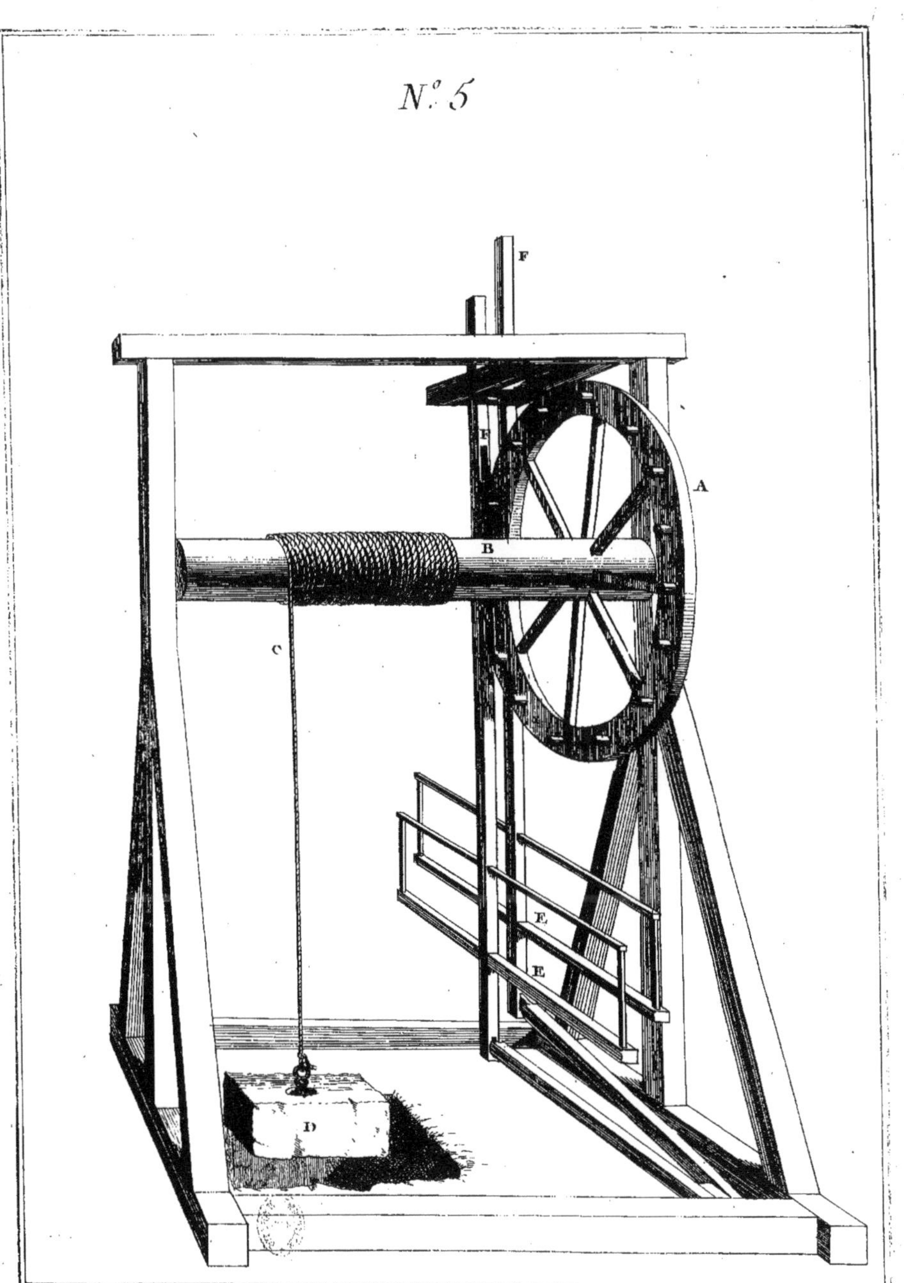

Modele de Grue pour les mines et Carrieres. ◡. mûe par le moyen des Pédalles.

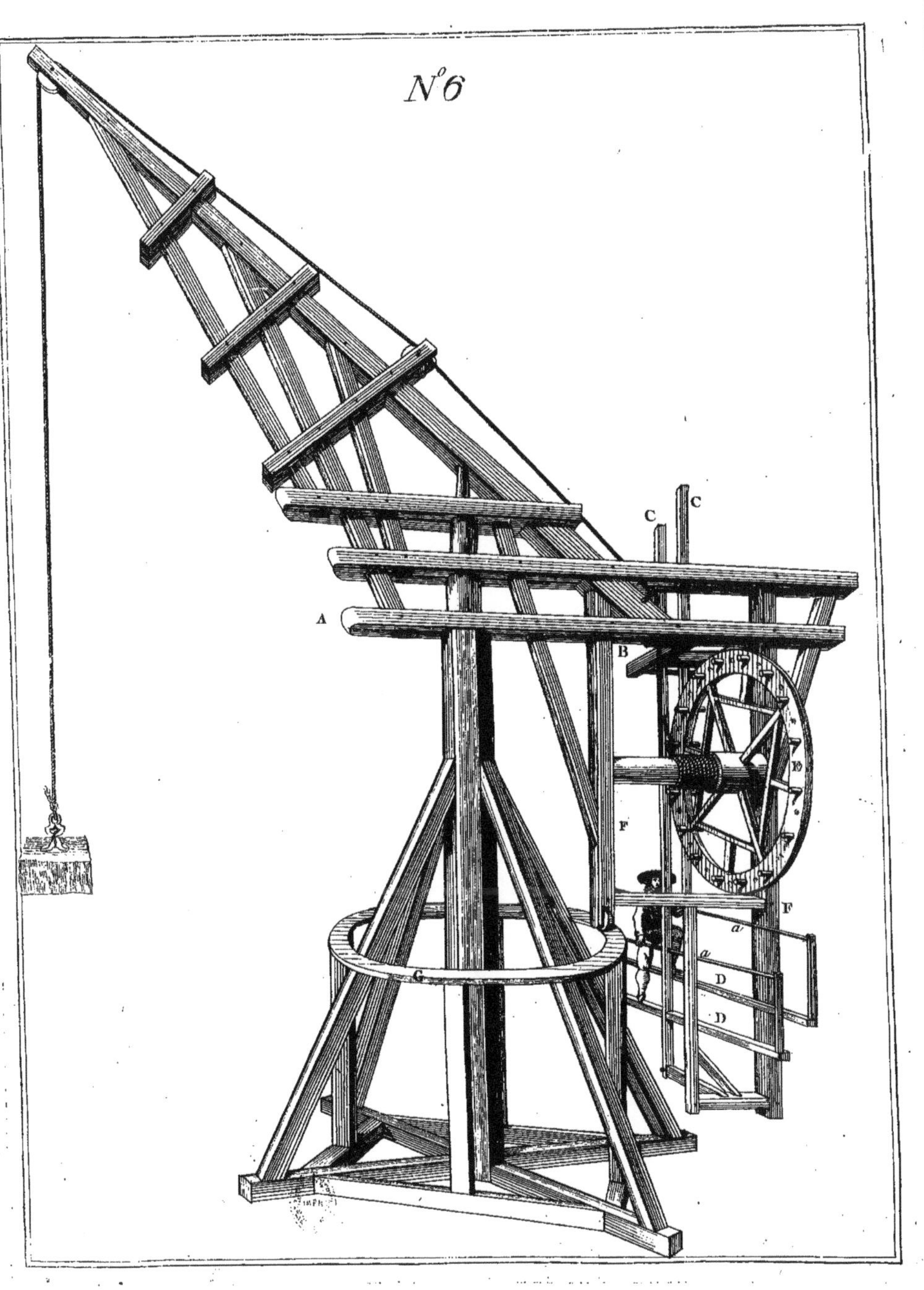
A
B
C C
F
F
G
D
D
a
a

N.º 7
C
C
B
B
B
B
A
A
A
A
D
D
E
a
b
b
c
d
d

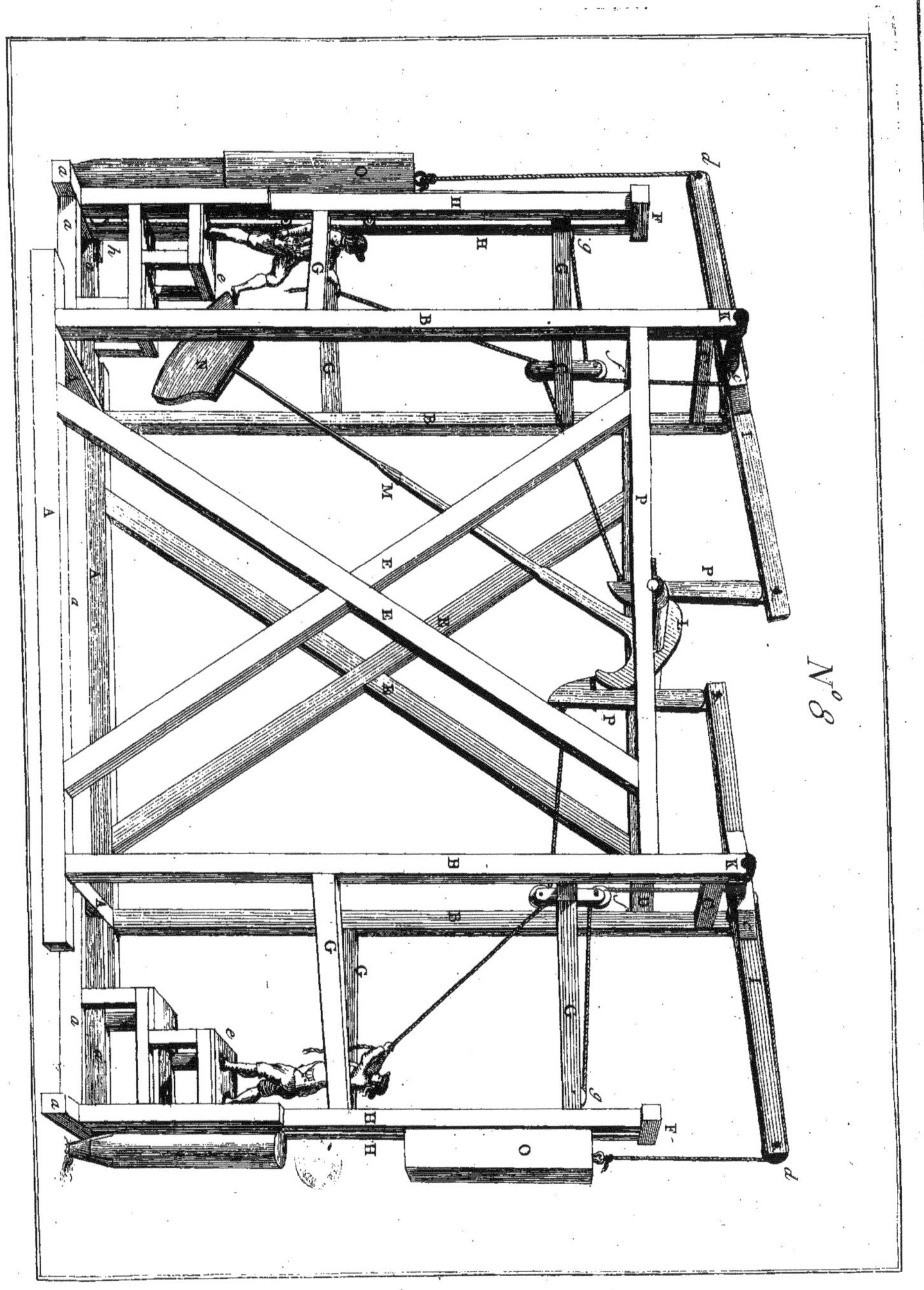

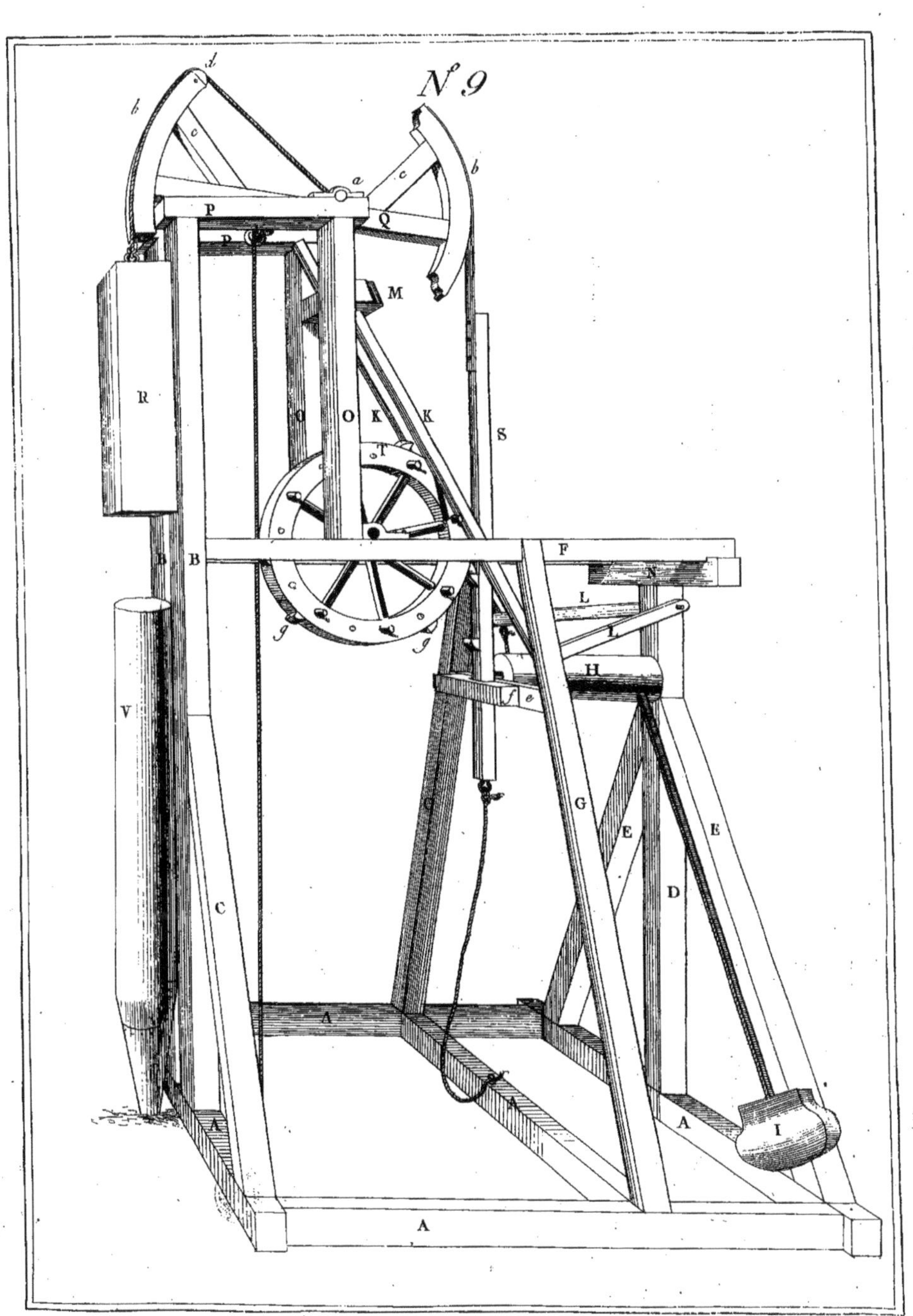

N.º 9

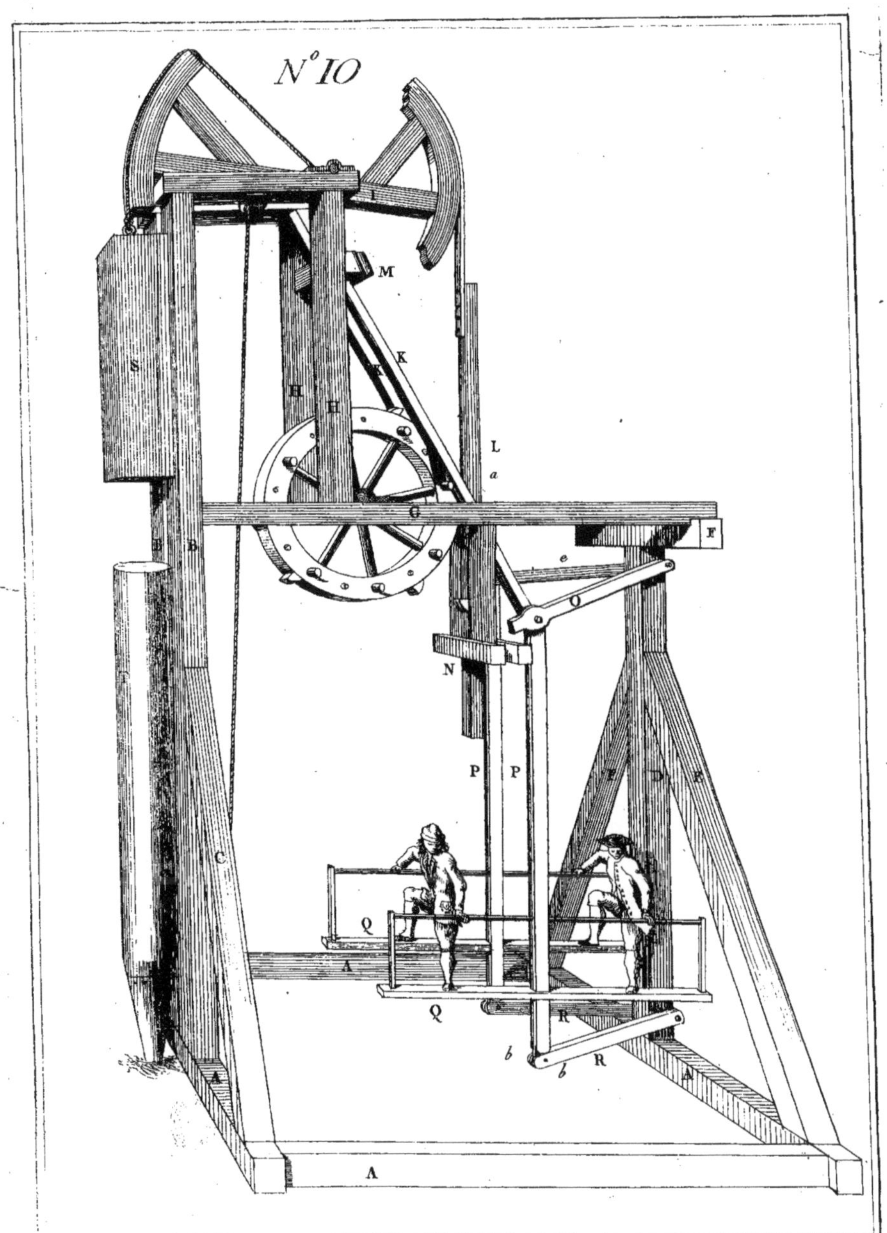

N.º 10
M
K
H
H
L
a
S
G
F
B
B
O
C
N
P P P D E
Q
A
Q
R
b
b R
A
A

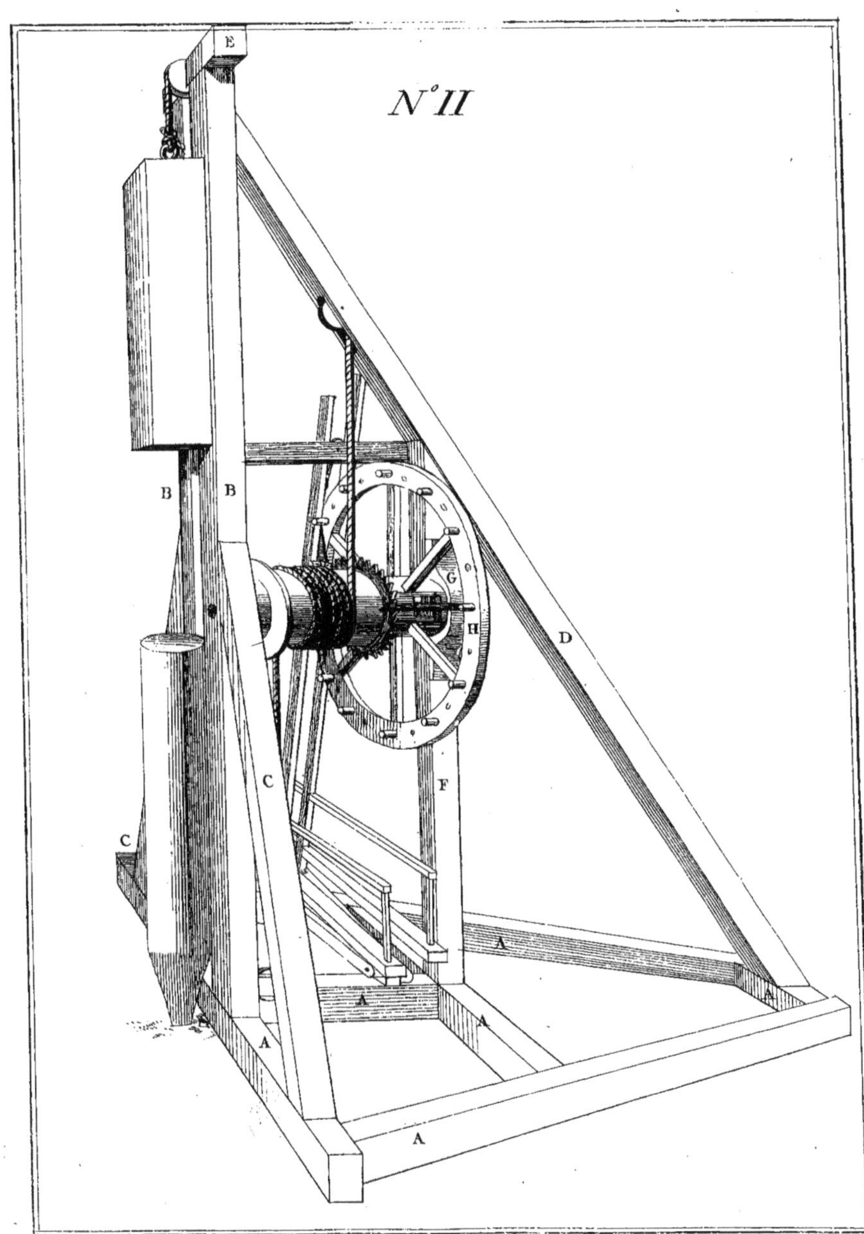

N.° II
E
B B
G
H
D
C
F
A
A
A
C
C
A
A

N.º 12
G
a a a a a
E
E
O
H H H H
C C
B B
D D
L
J
P P
F
a a a a a a a d
G
M
A
A A A
L I

N° 13

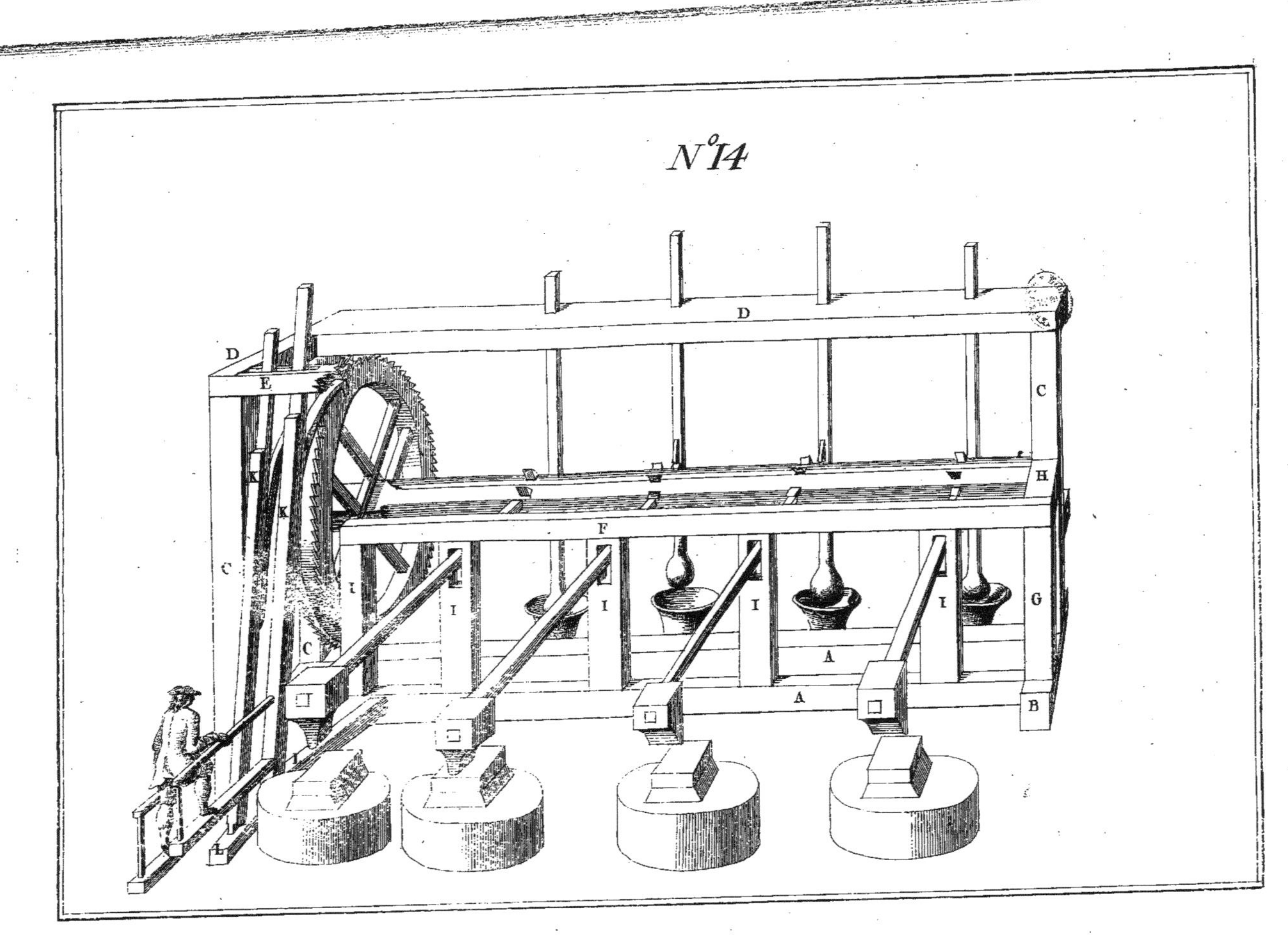
N°14

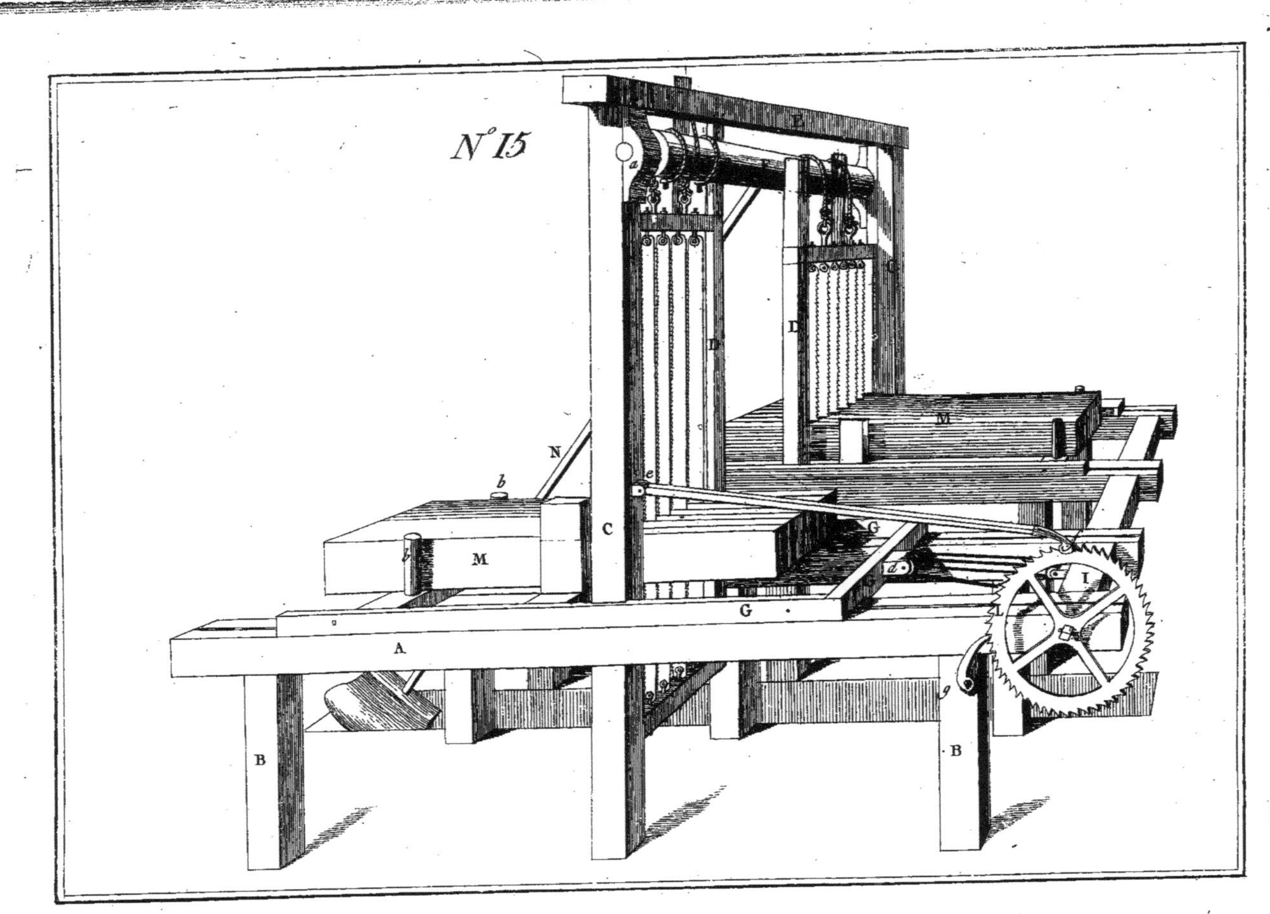

N° 15

N° 16
L
L
K A A
K
F
G
D
D
D
M
N
K
P
I
H
E

Nº. 17. 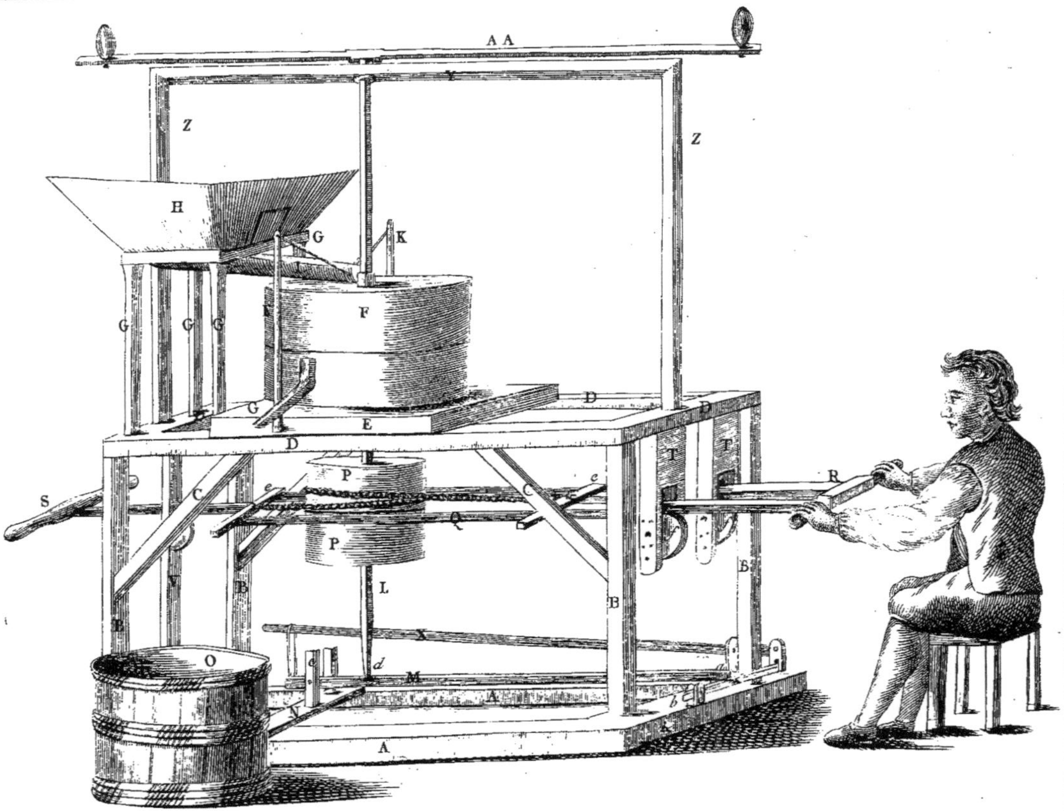
AA
Z
Z
H
G
K
G
F
G G G
G
D
E
D
T
T
C
e
R
S
C
P
c
Q
P
B
N
B
L
B
O
X
e
d
M
A
A
A
Décache Sculp.

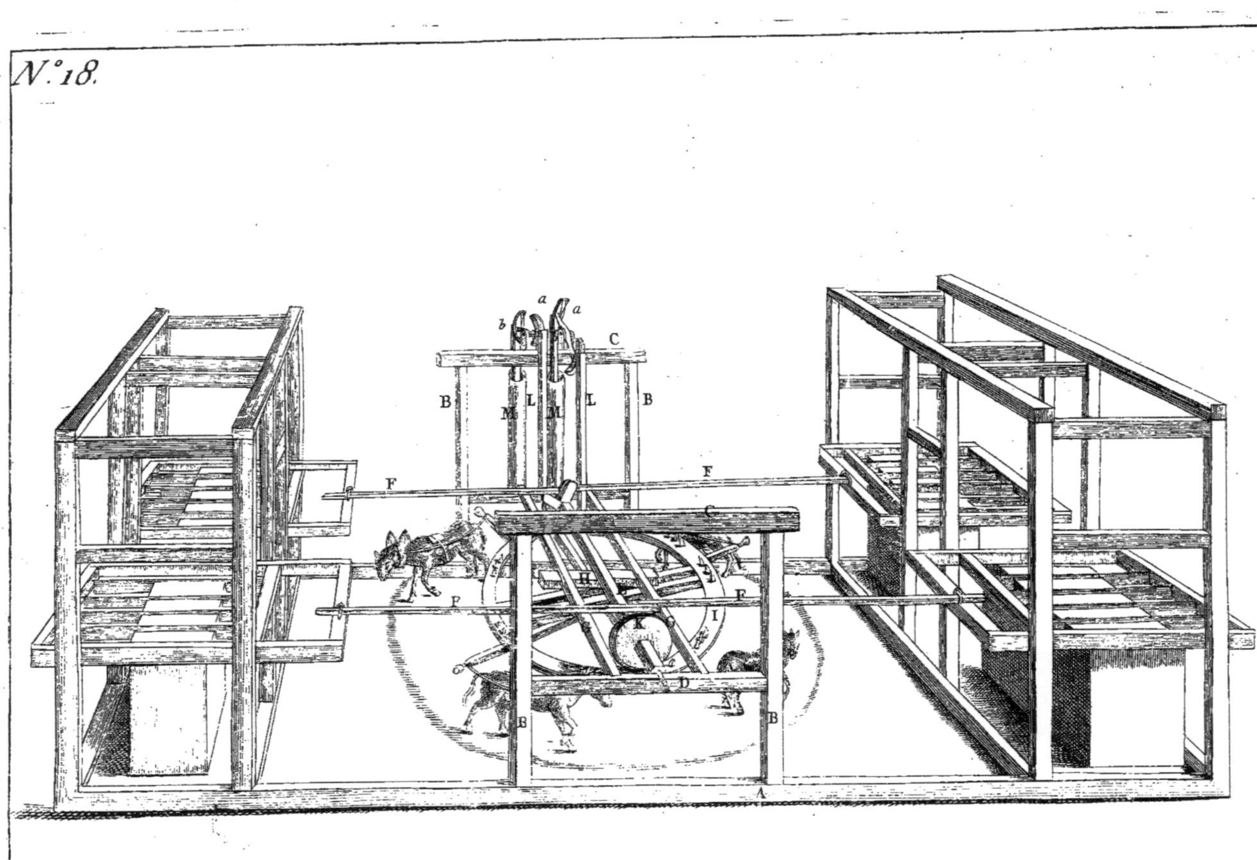

Desache Sculp.
N
B
M
L
C
F
P
D
A
a
b

N.º 19.
Deraché Sc.

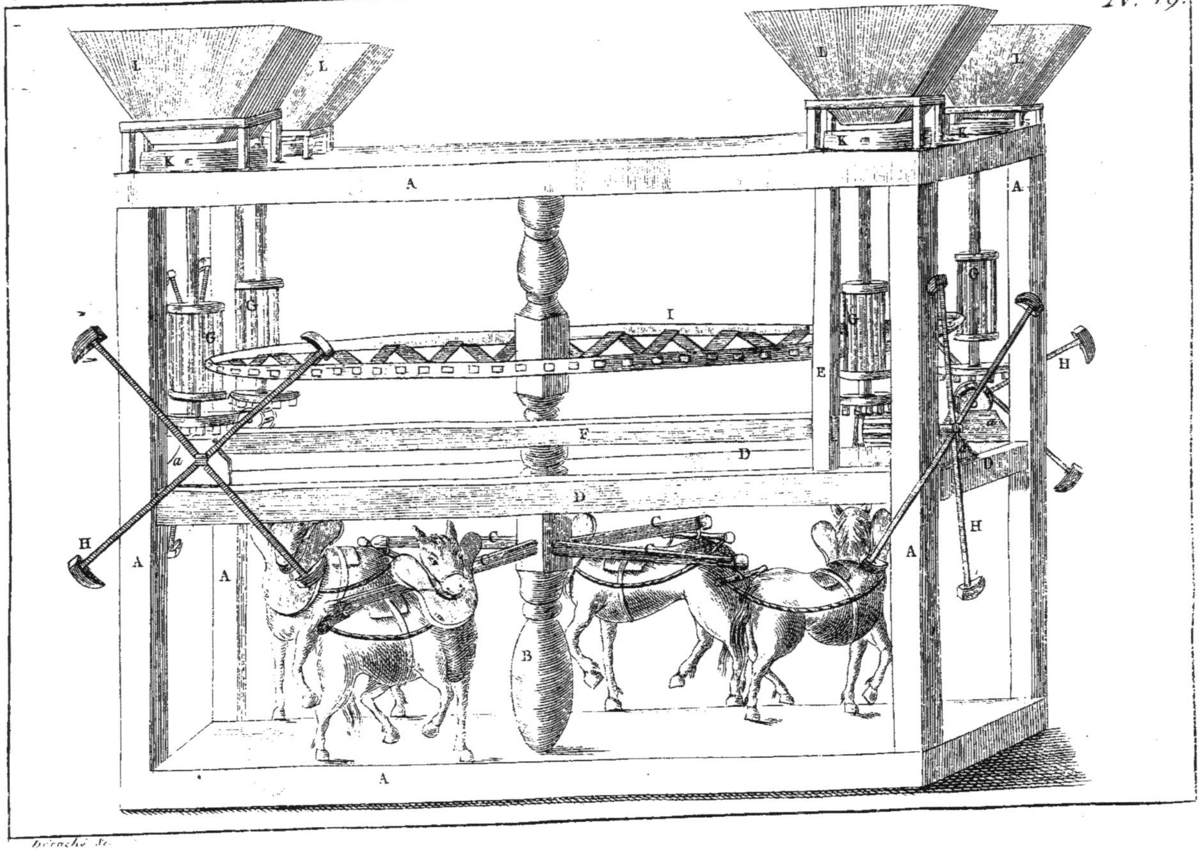

N°. 20.
Décache Sculp.

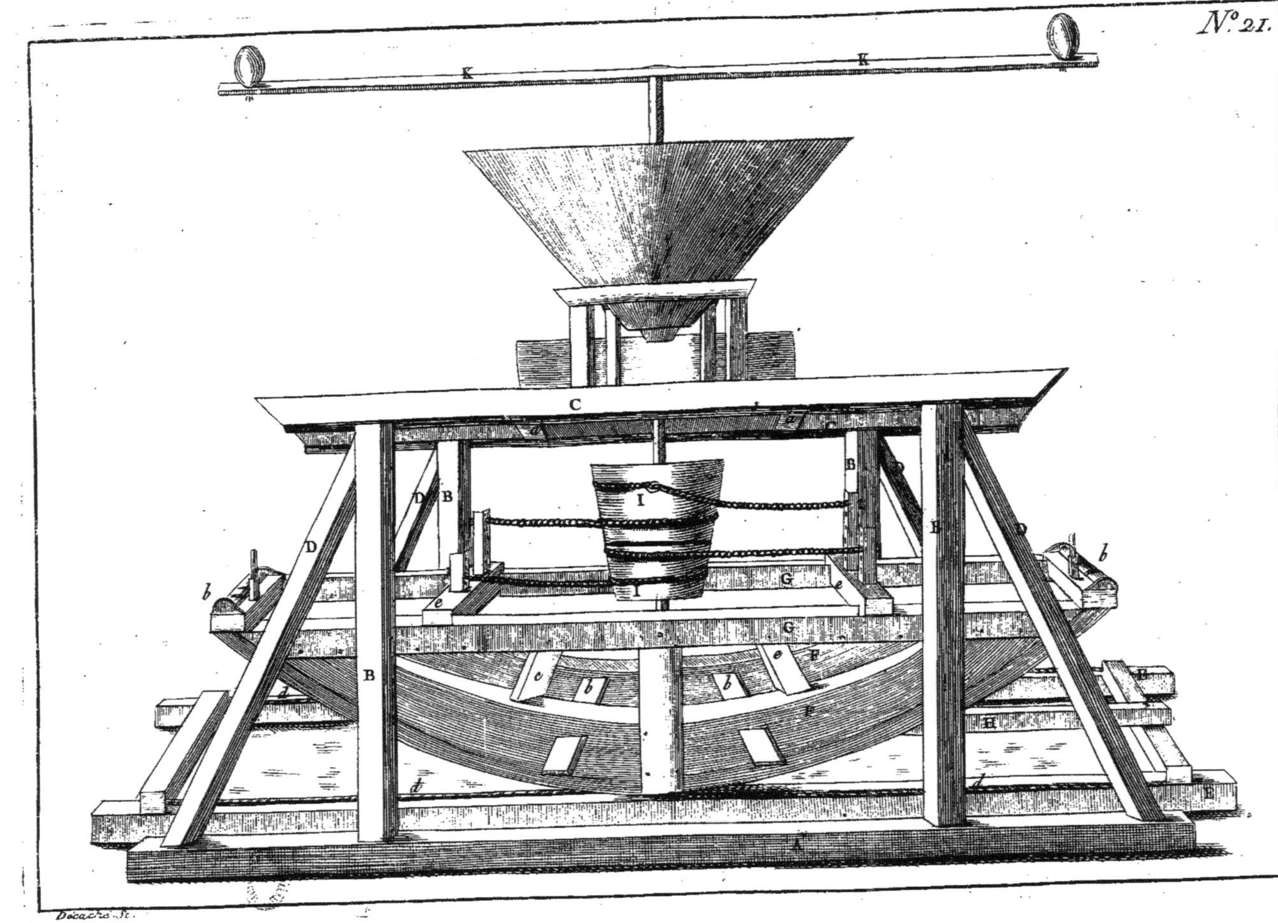

N.º 21.
Décache Sc.

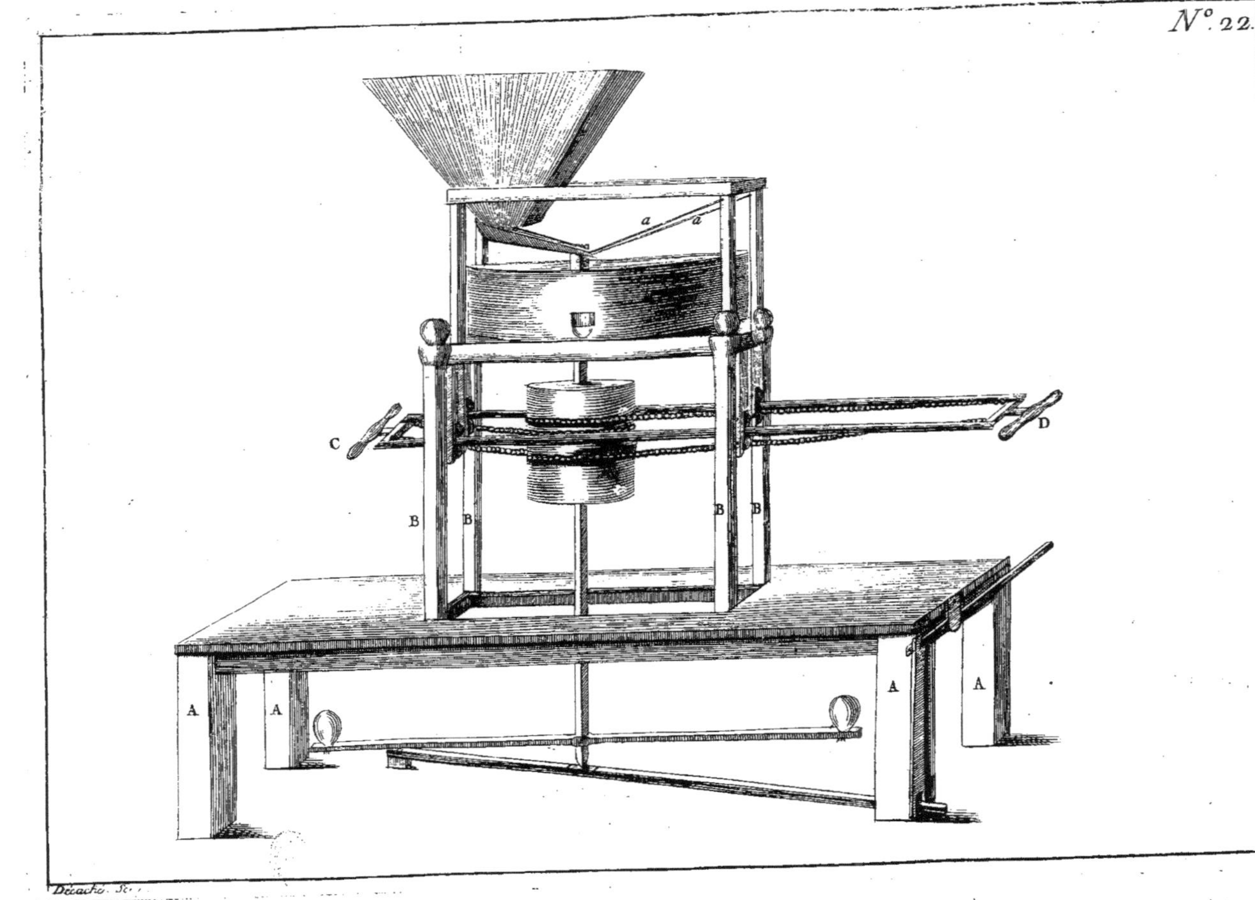

N°. 22
A
A
A
A
B
B
C
D

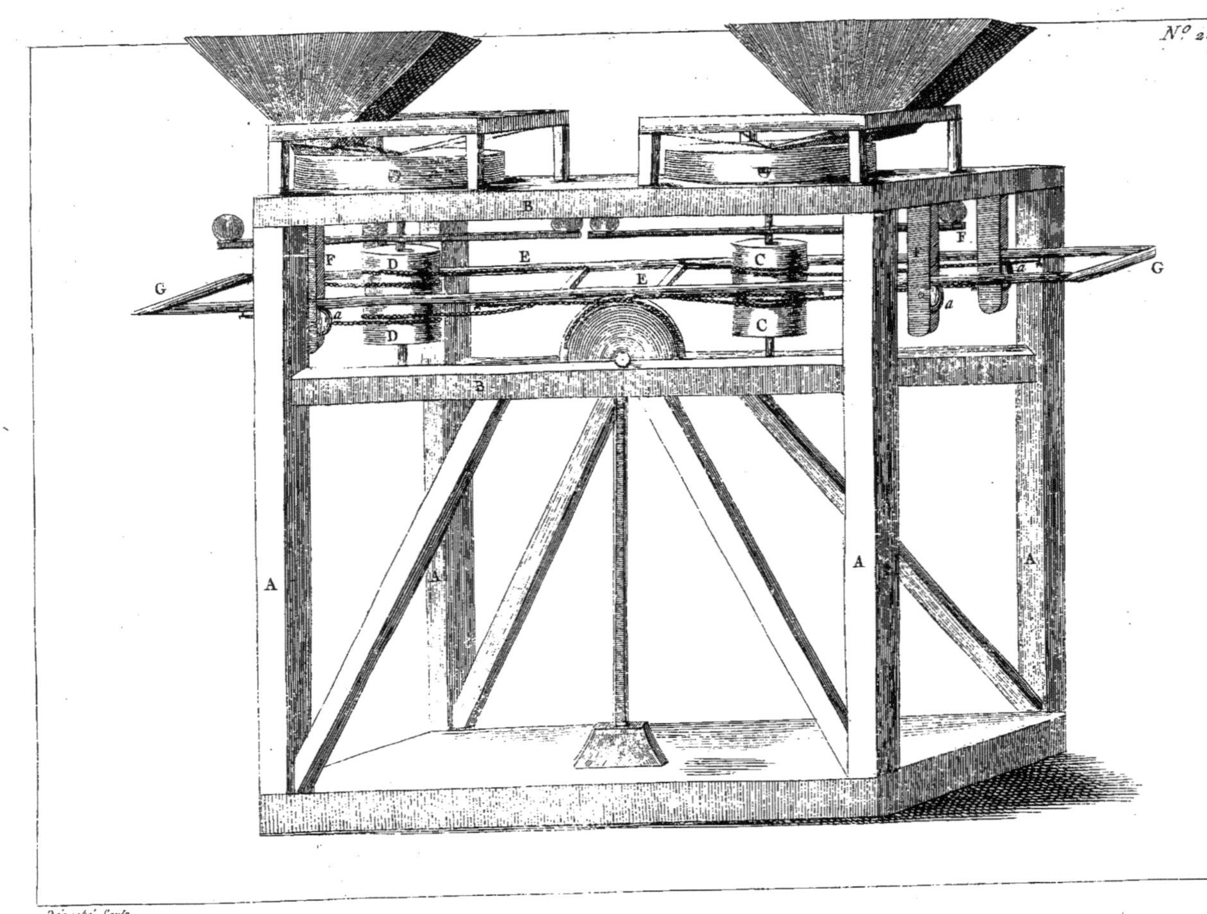

N.° 23
A A A A
B
B
C C
D D
E E
F F
G G
a a
Décuché Sculp.

Decachi sculp
N.° 24

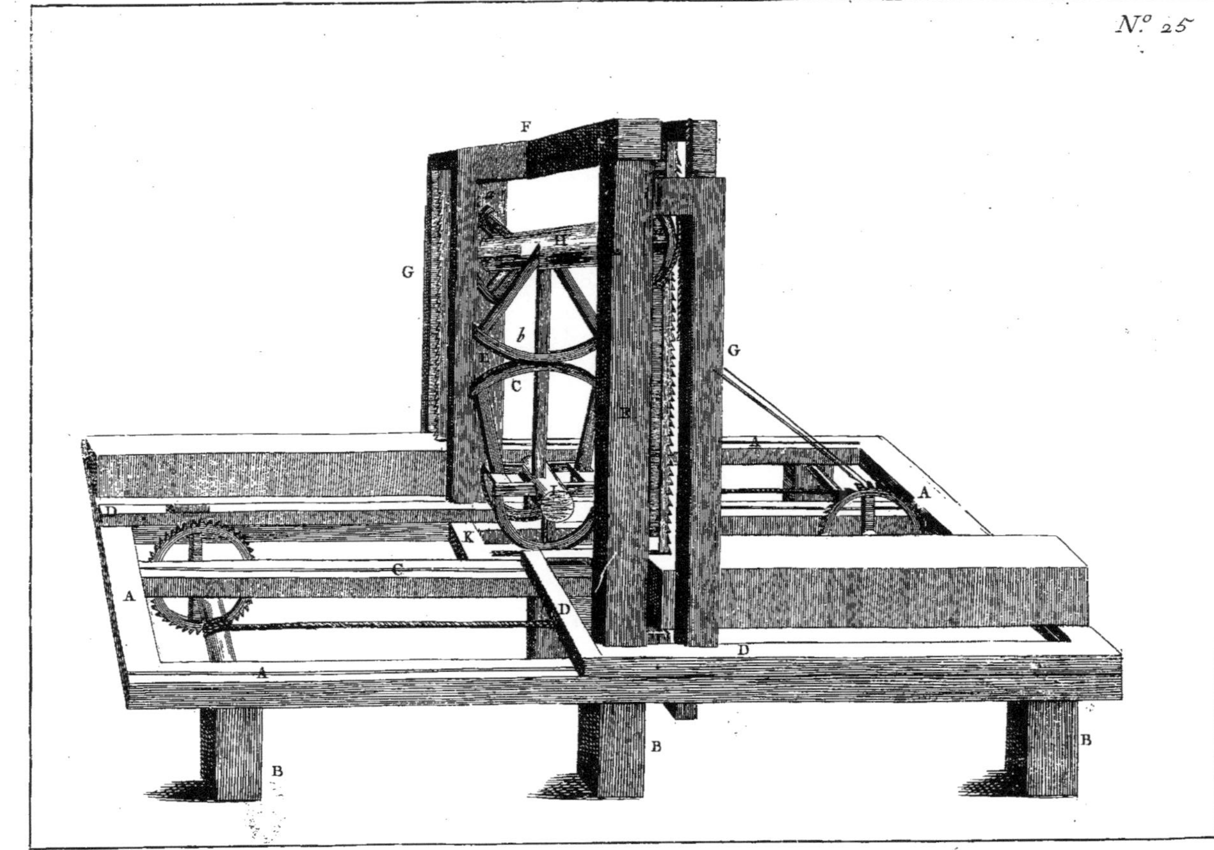

N.º 25
F
G
H
b
E
C
G
A
E
A
D
K
C
D
A
D
B
B
B

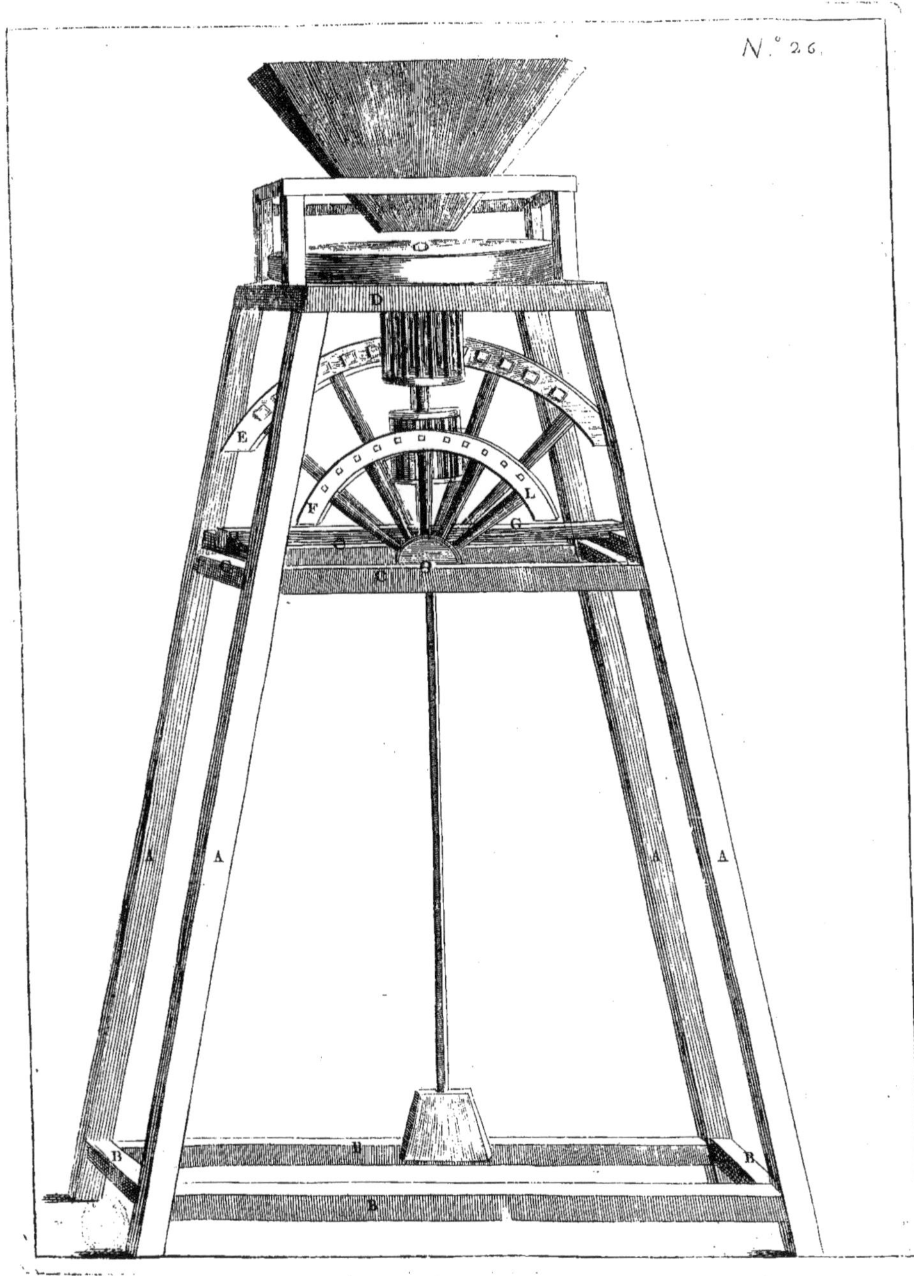
D
E
F
L
G
C
A A A A
B B B

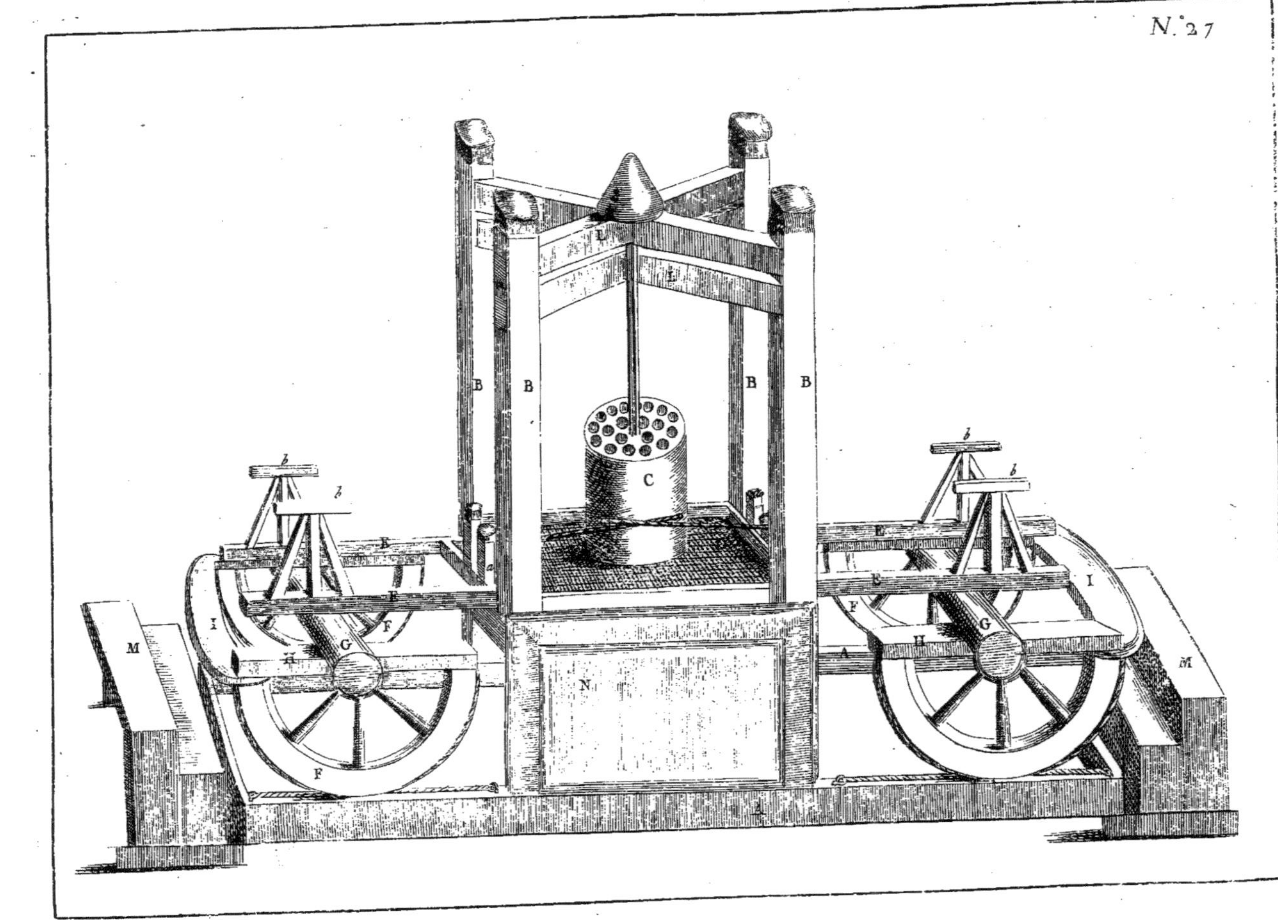

N.° 27
B B B B
C
D
L
b b
b b
M I H G F F G H I M
A
F F
N
A

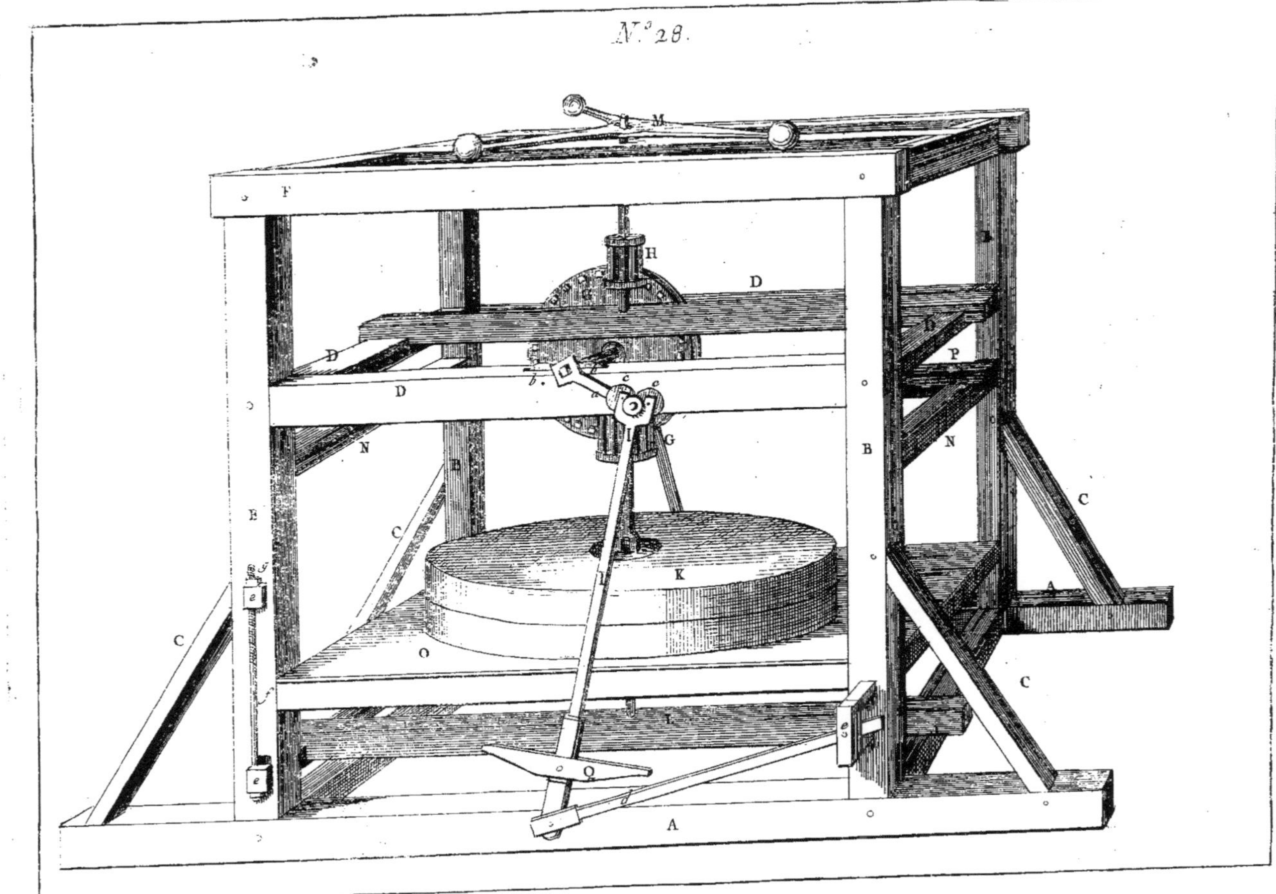
Nº 28.

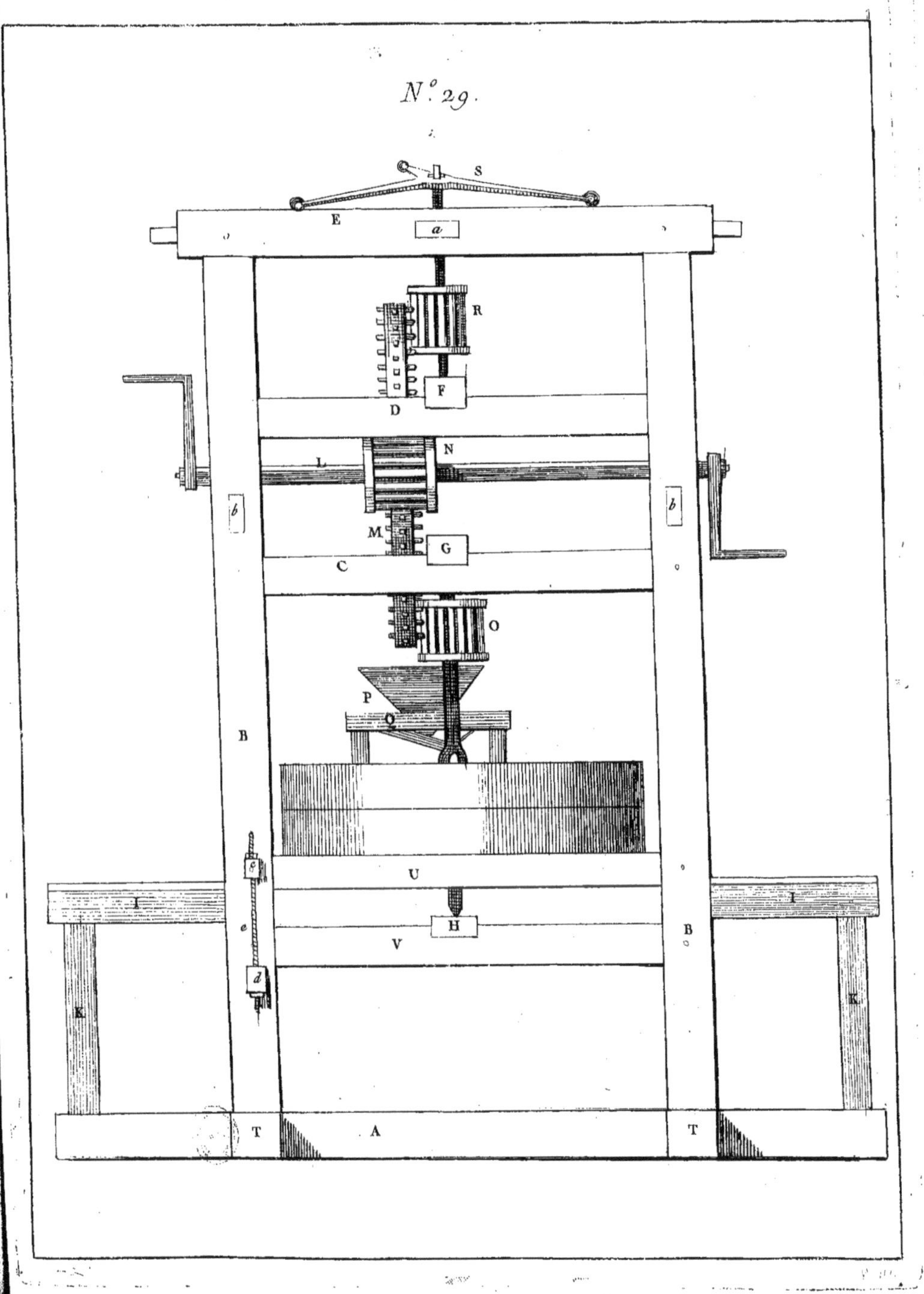

N.º 29.
S
E
a
R
F
D
L
N
b
b
M
G
C
O
P
Q
B
U
I
I
H
B
V
K
K
T
A
T

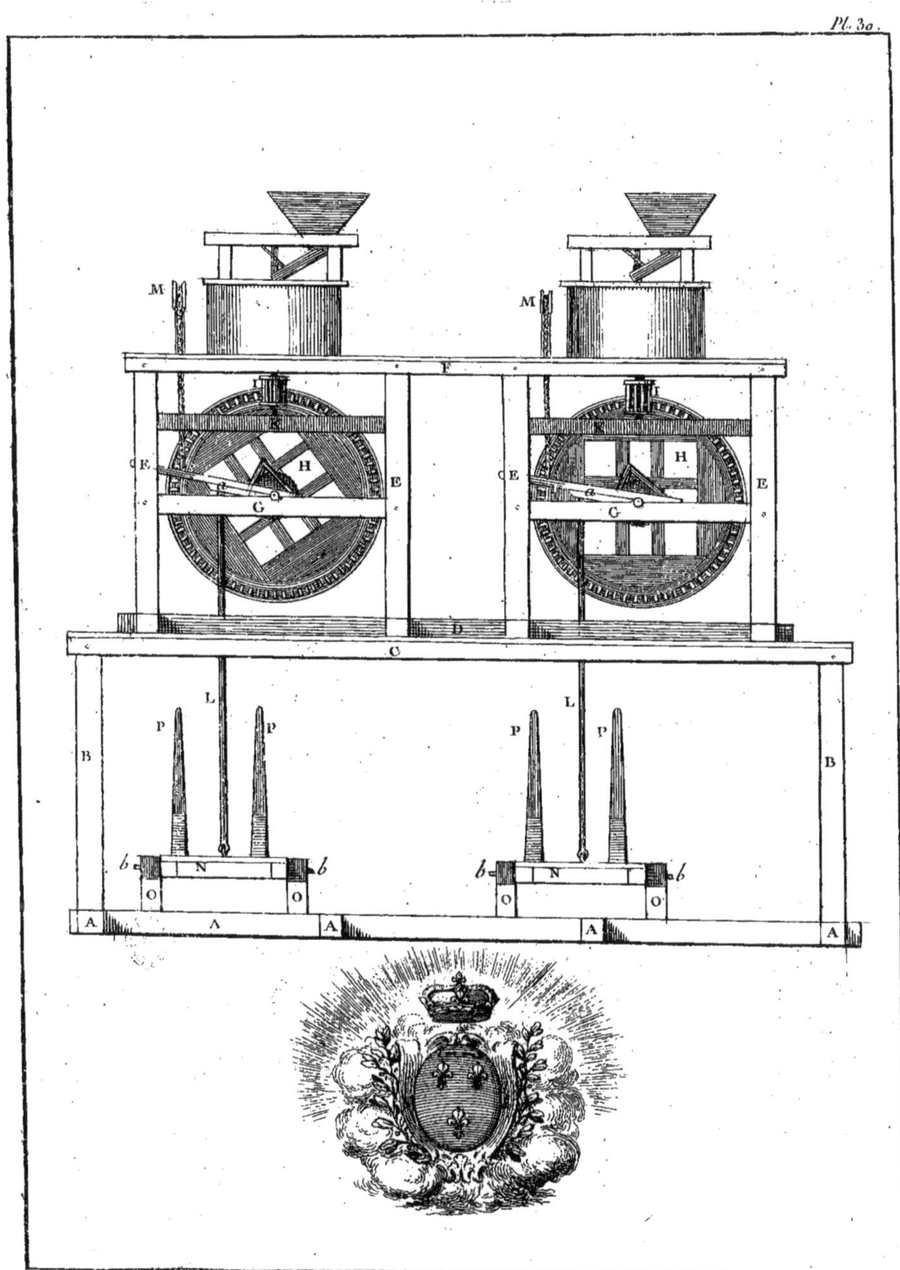

M
M
F
H
H
Œ
E
Œ
E
G
G
D
C
L
L
P
P
P
P
B
B
b
b
b
b
N
N
O
O
O
O
A
A
A
A
A
A

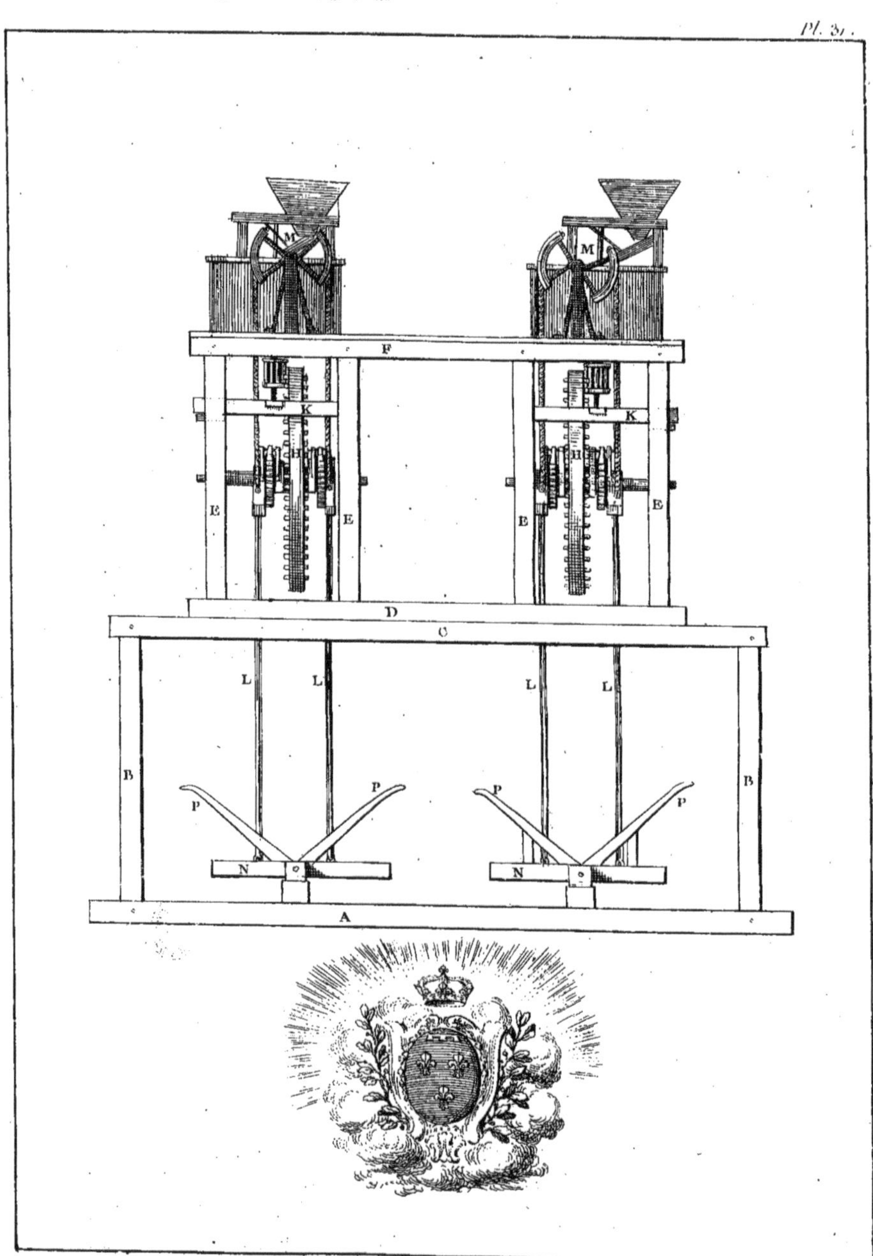

M
M
F
K
K
H
H
E
E
E
E
D
C
L
L
L
L
B
B
P
P
P
P
N
N
A

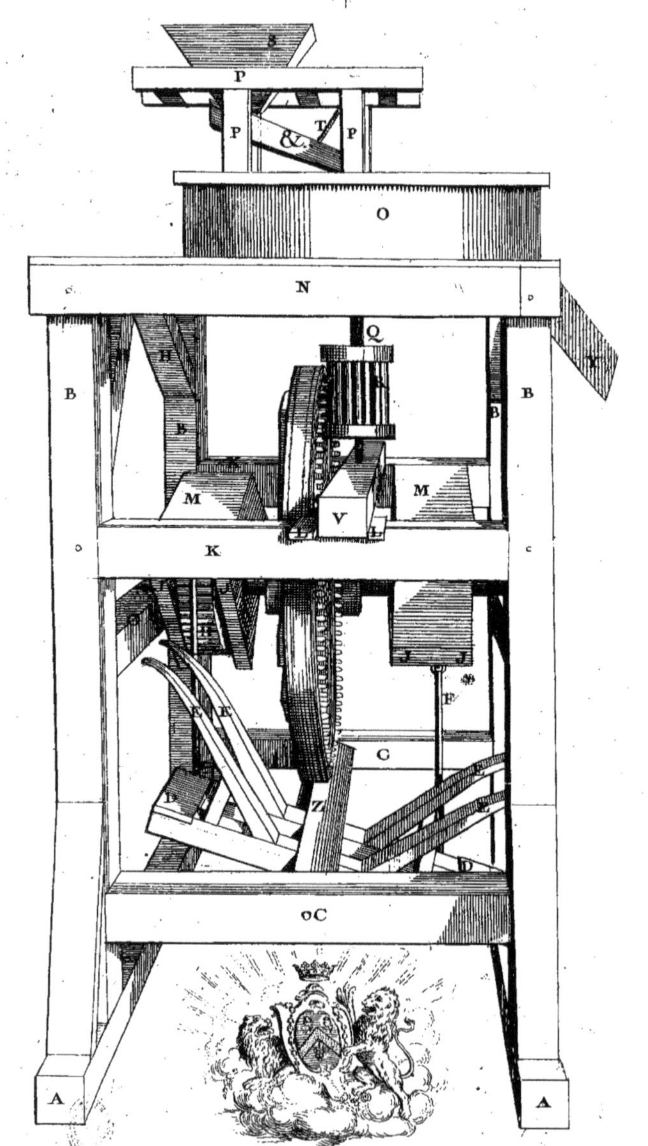

Donné par M.r Le Noir Cons.er d'Etat Lieut.t Gén.t
de Police Prevôté et Vicomté de Paris.

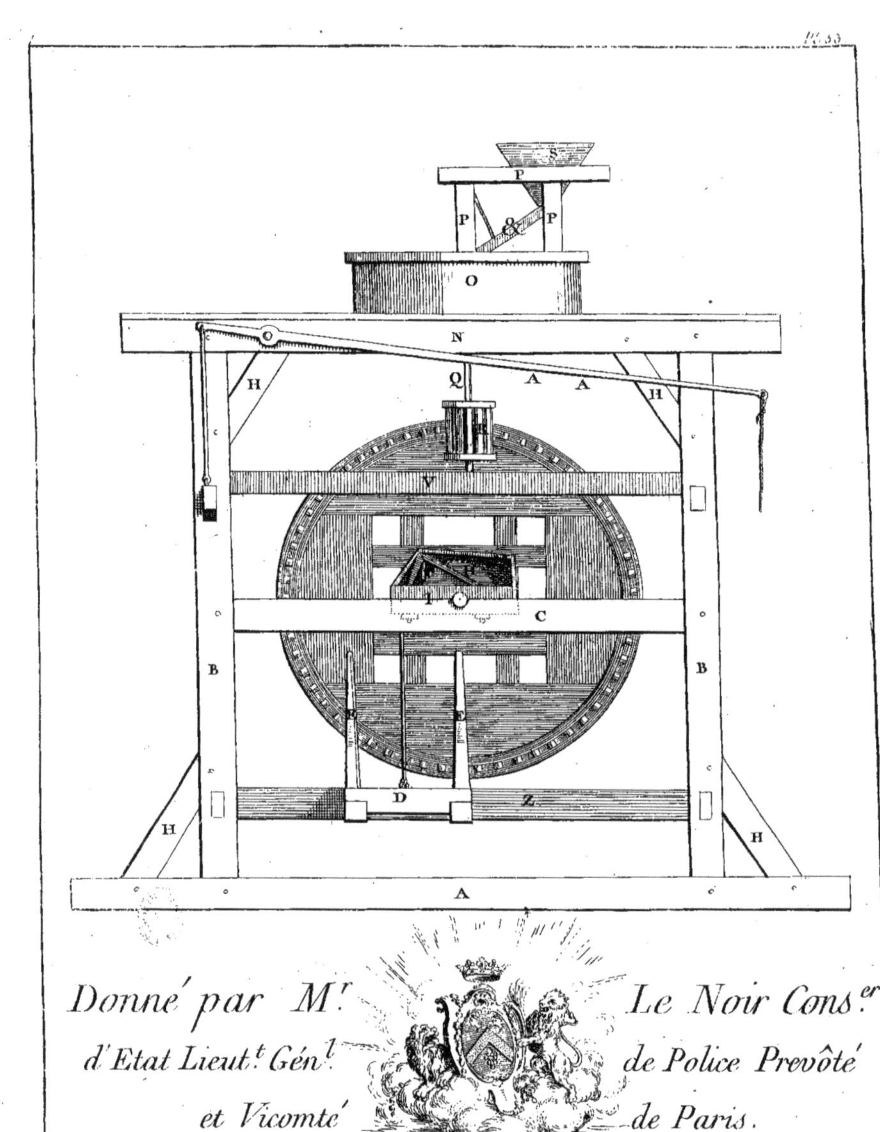

*Donné par M.^r Le Noir Cons.^er
d'Etat Lieut.^t Gén.^l de Police Prevôté
et Vicomté de Paris.*

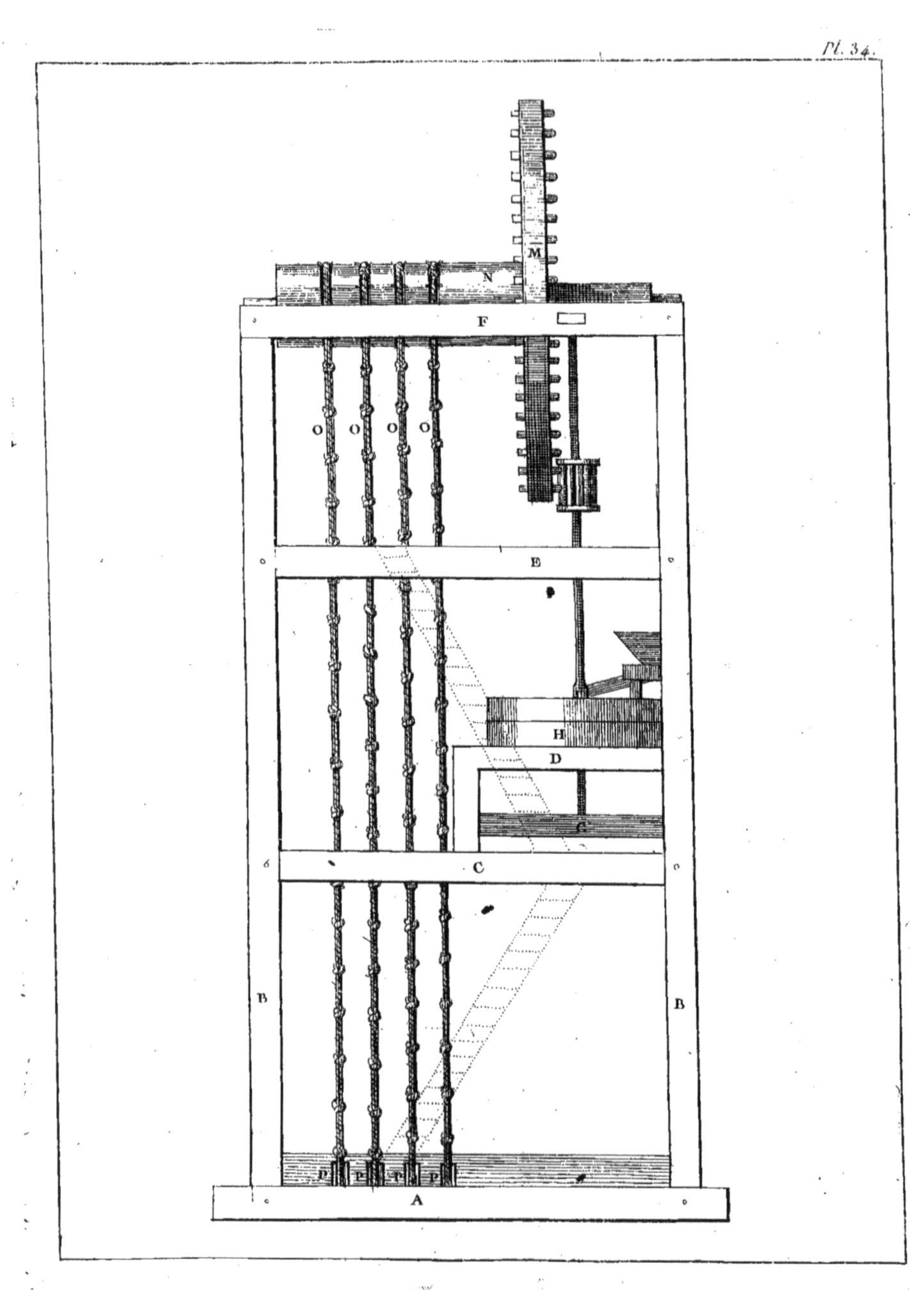
M
N
F
o o o o
E
H
D
G
C
B
B
P P P P
A

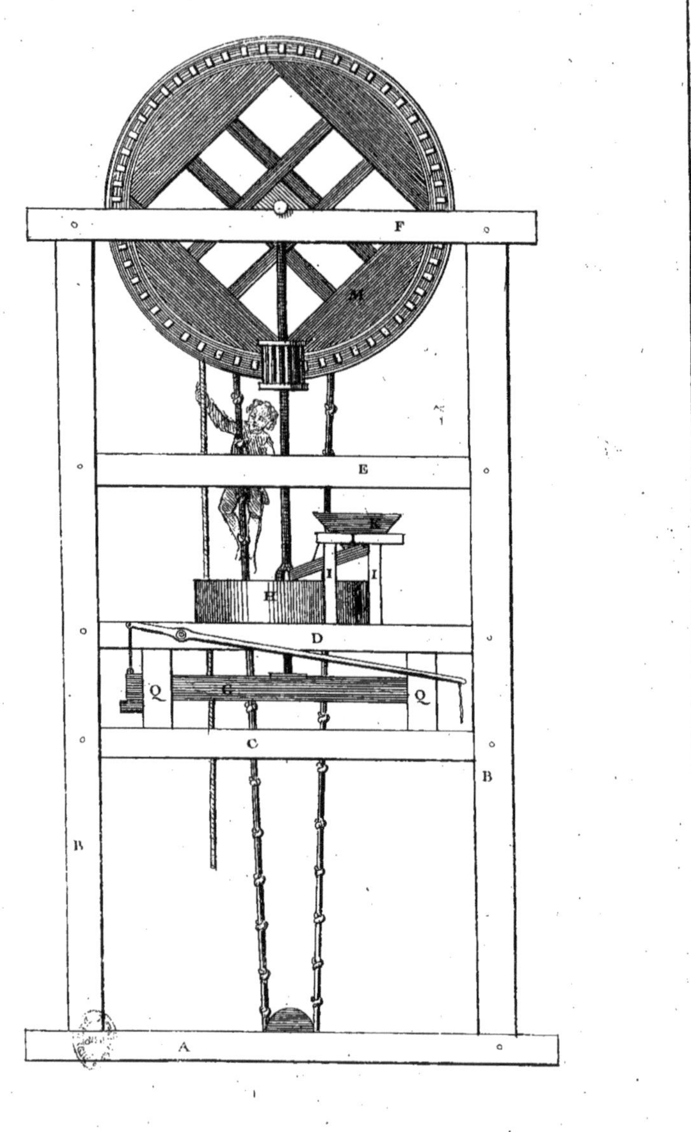

Pl. 35.
F
M
E
K
I I
H
D
Q G Q
C
B
B
A

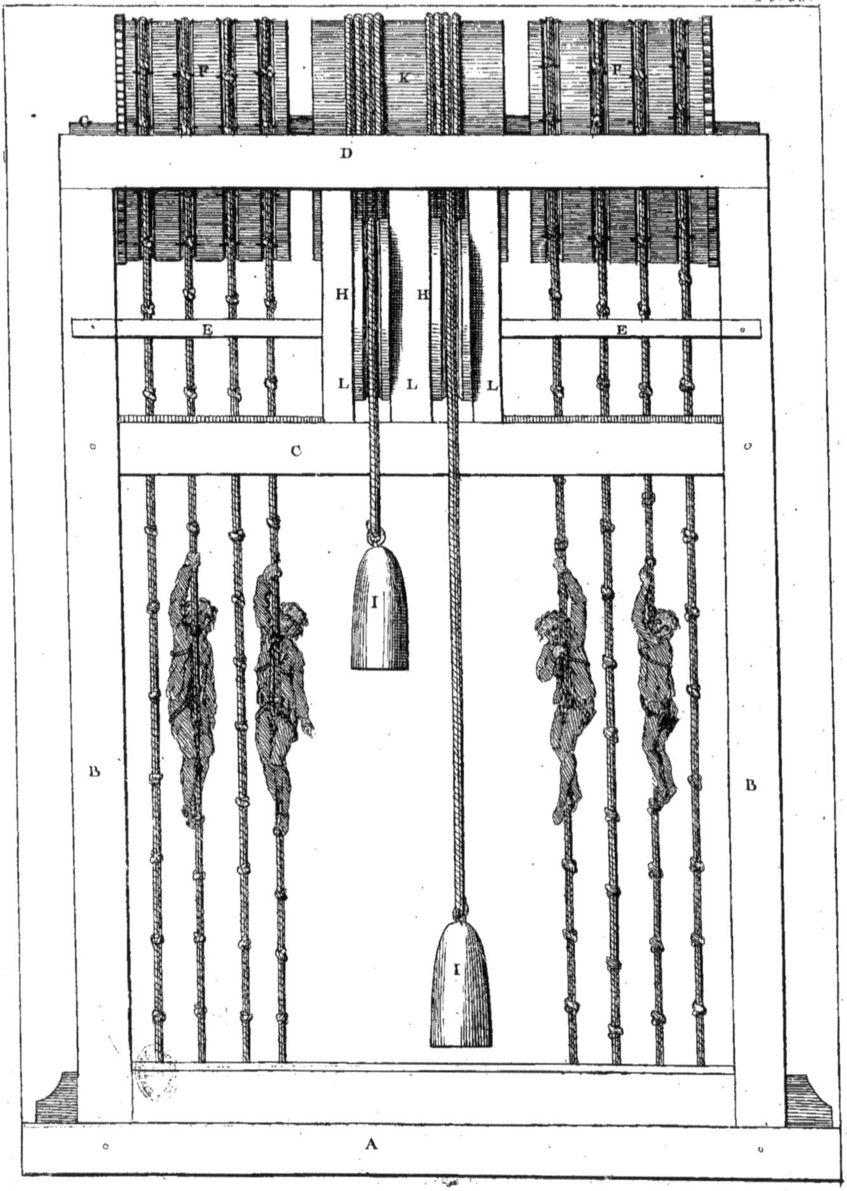

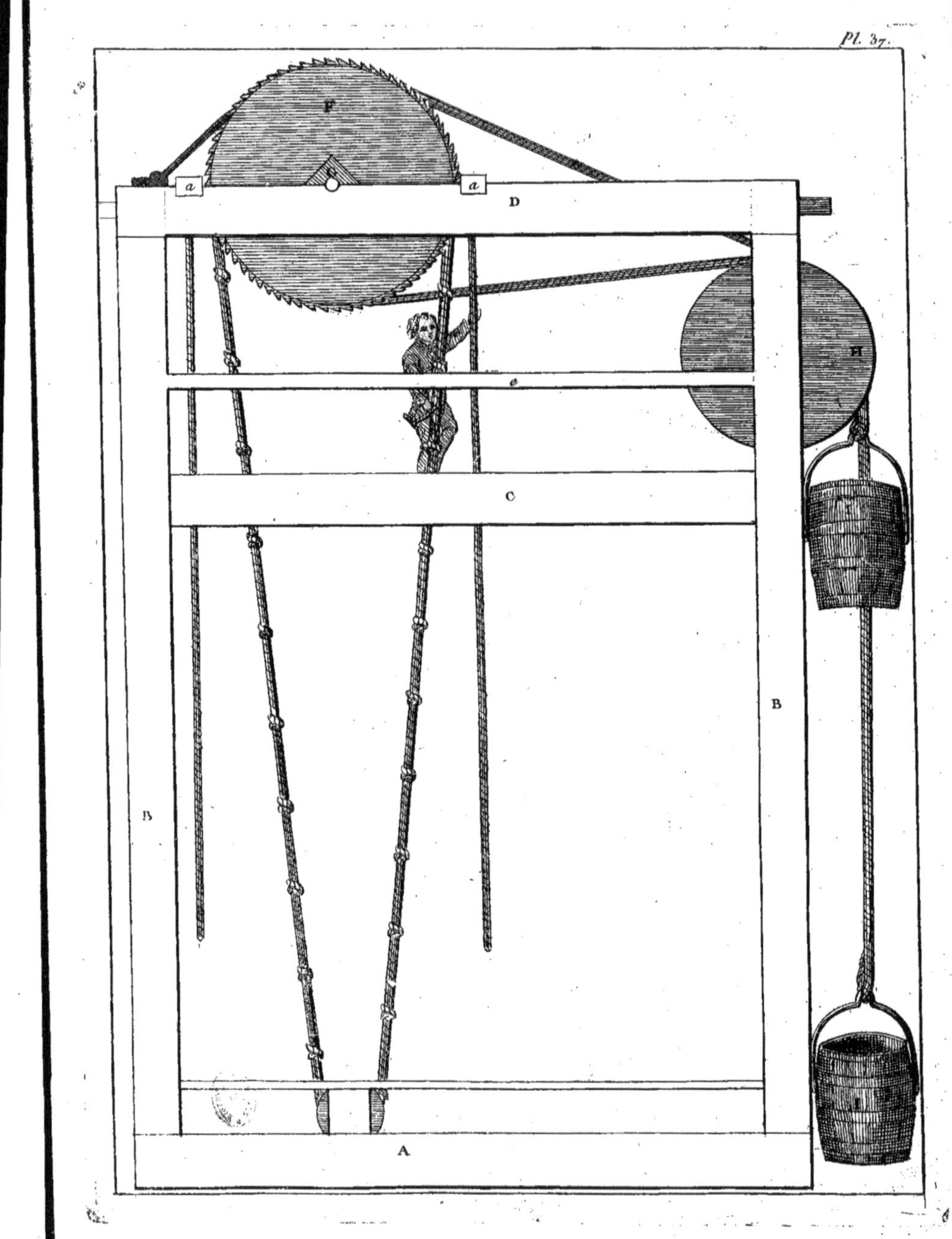

Pl. 37.
P
a
a
D
H
e
C
B
B
A

Pl. 38.
E
G
H
E
C
H
C J
D
R
P
Q
C
L
O
R
M
B
O
R
A
A

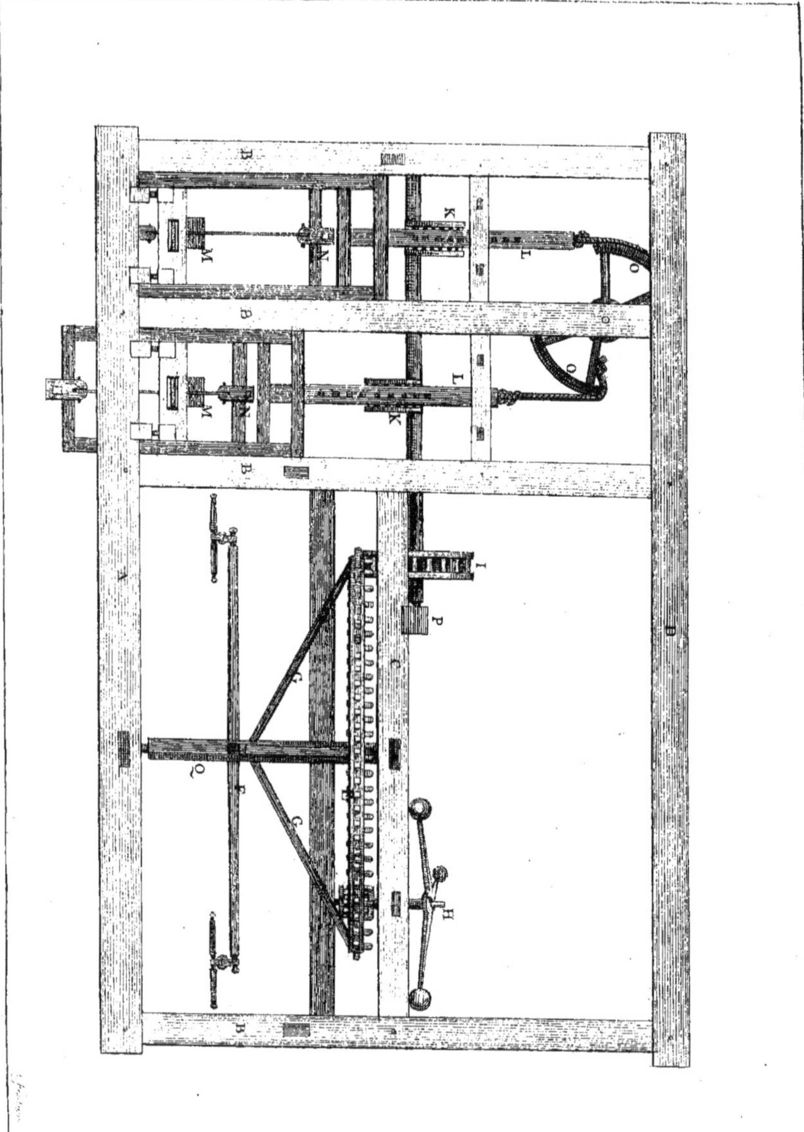

Pl. 39.

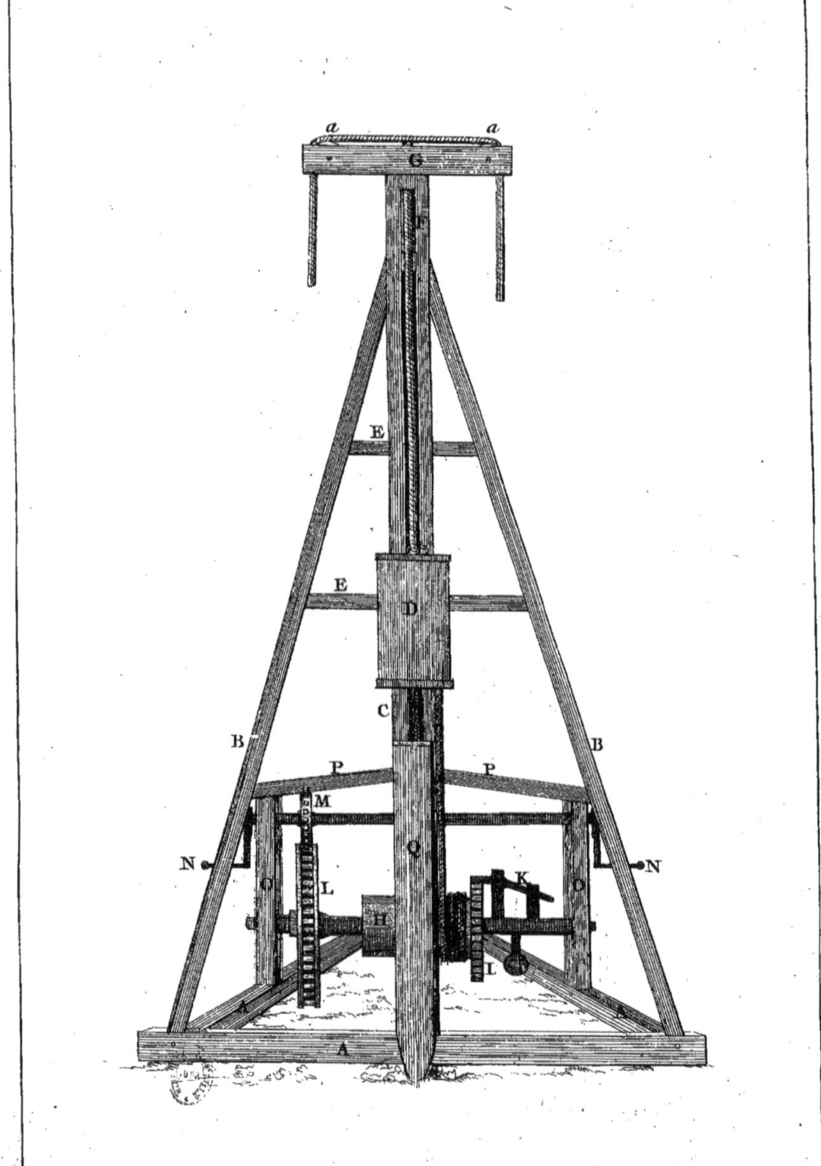
a
a
G
F
E
E
D
C
B
B
P
P
M
N
N
O
L
K
H
L
A
A
A

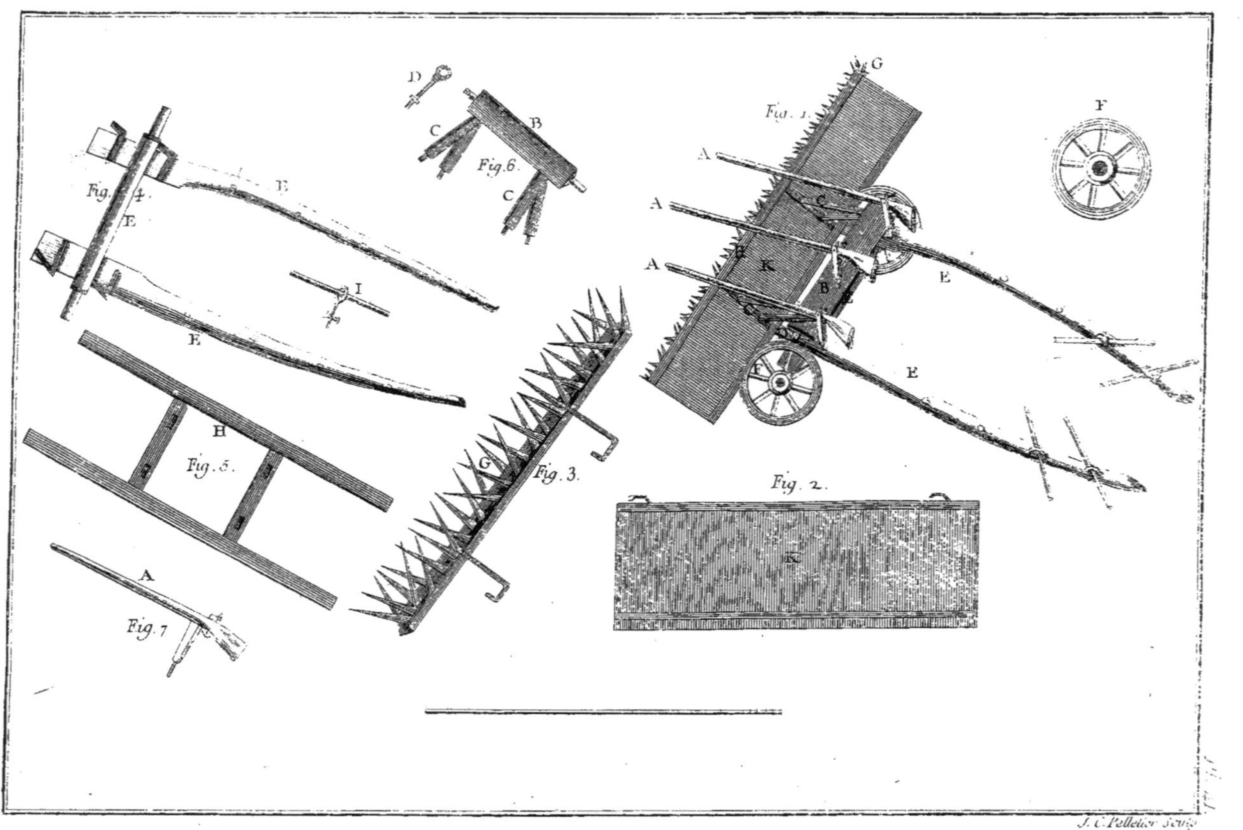

Fig. 1.
Fig. 2.
Fig. 3.
Fig. 4.
Fig. 5.
Fig. 6.
Fig. 7.
A
B
C
D
E
F
G
H
I
K

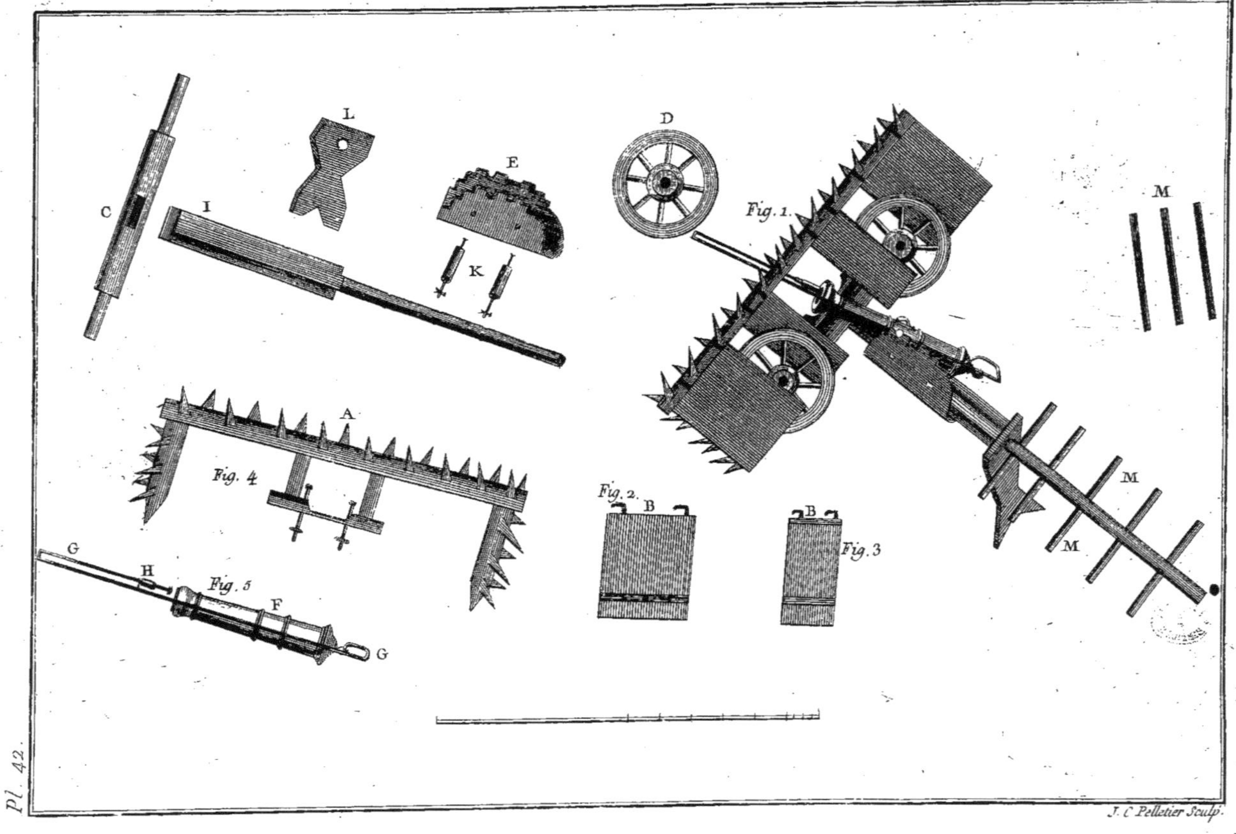
C
L
I
E
D
M
K
Fig. 1
A
Fig. 4
Fig. 2. B
B
Fig. 3
M
M
G
H
Fig. 5
F
G

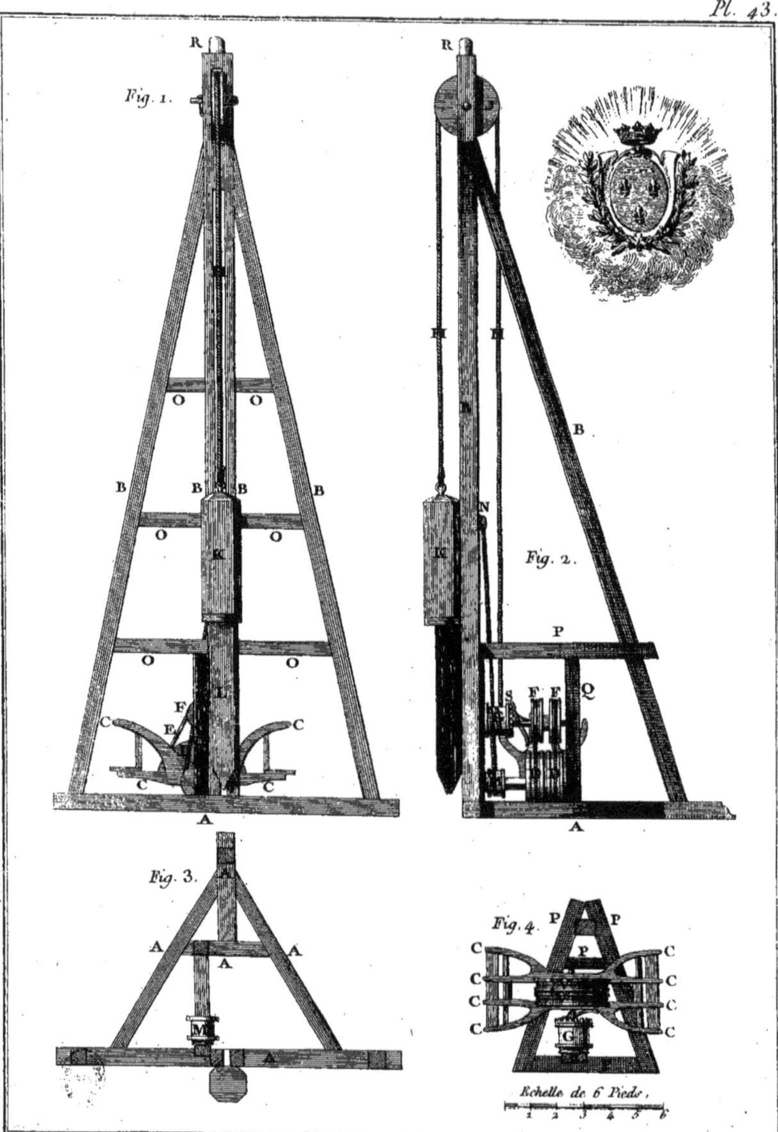

J.C. Pelletier Sculp.

Pl. 44

Pelletier Sculp.

Pl. 45.
Pelletier Sculp.

Pl. 46.

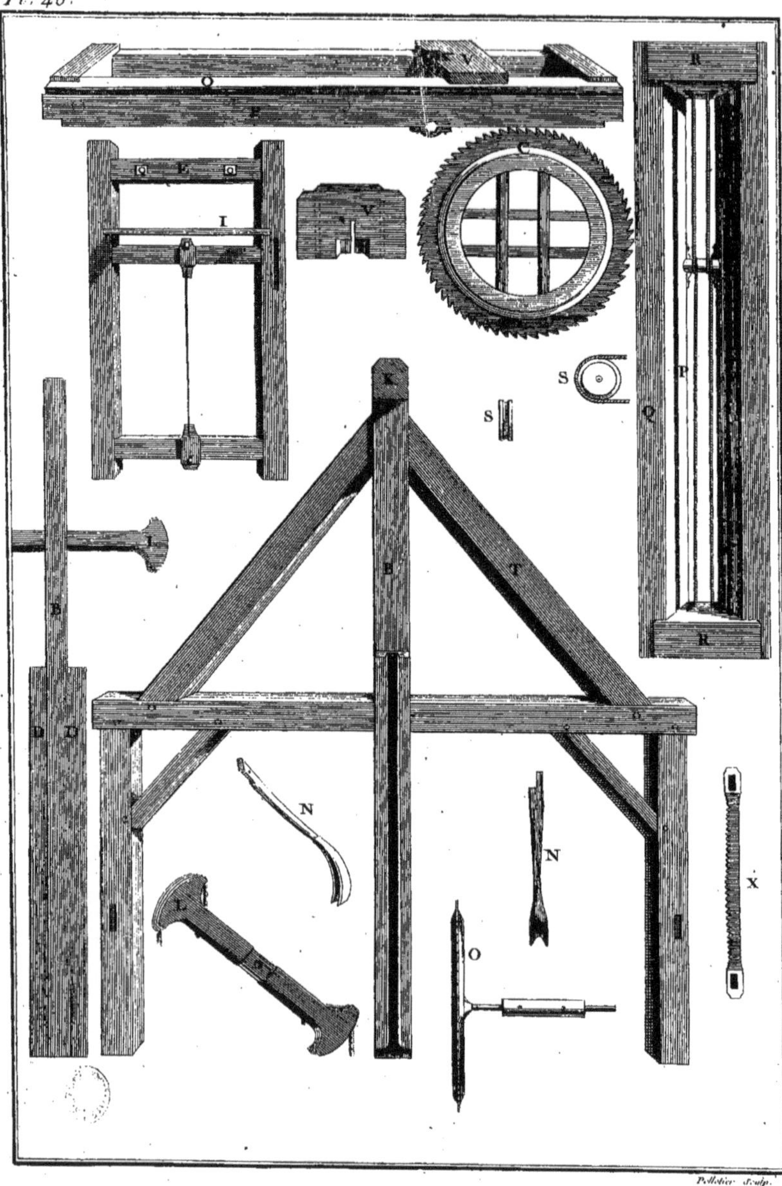

P.Mollier Sculp.

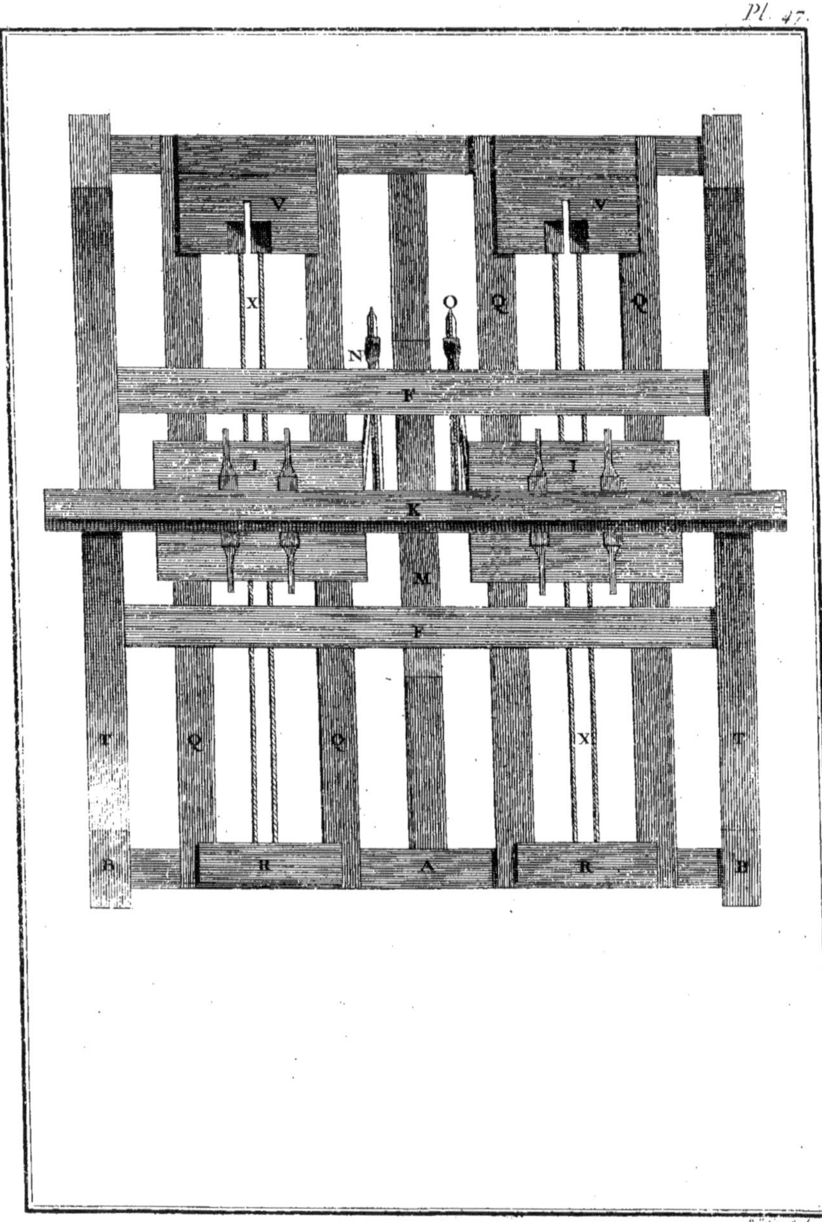

Pellier Sculp.

Pl. 48. 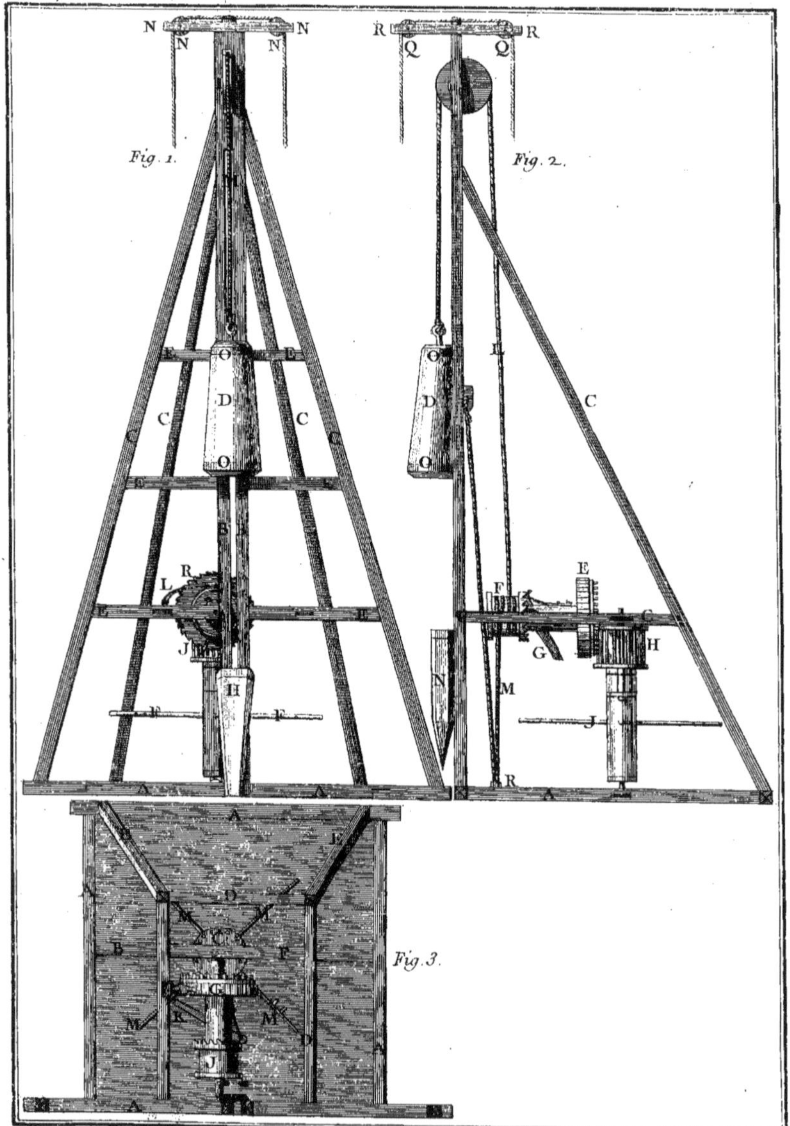
Fig. 1.
Fig. 2.
Fig. 3.
Pelletier Sculp.

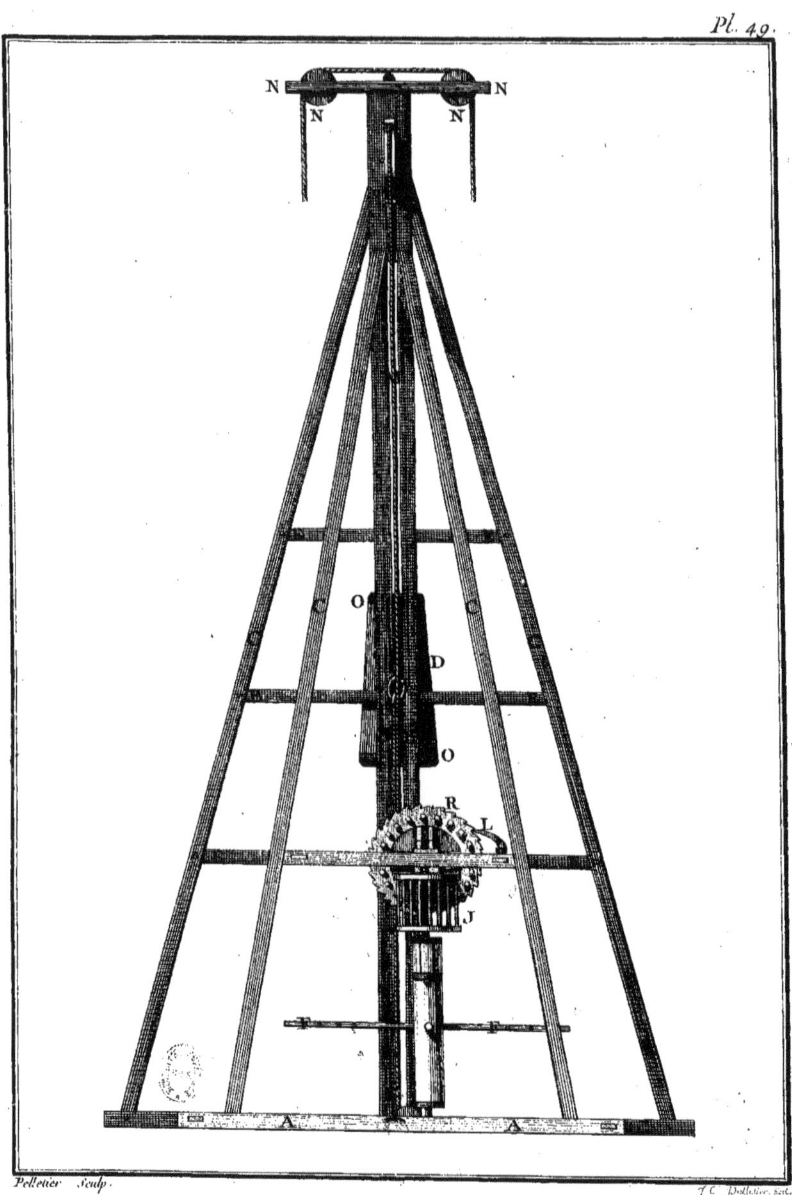

Pelletier Sculp.

J. C. Pelletier pxt.

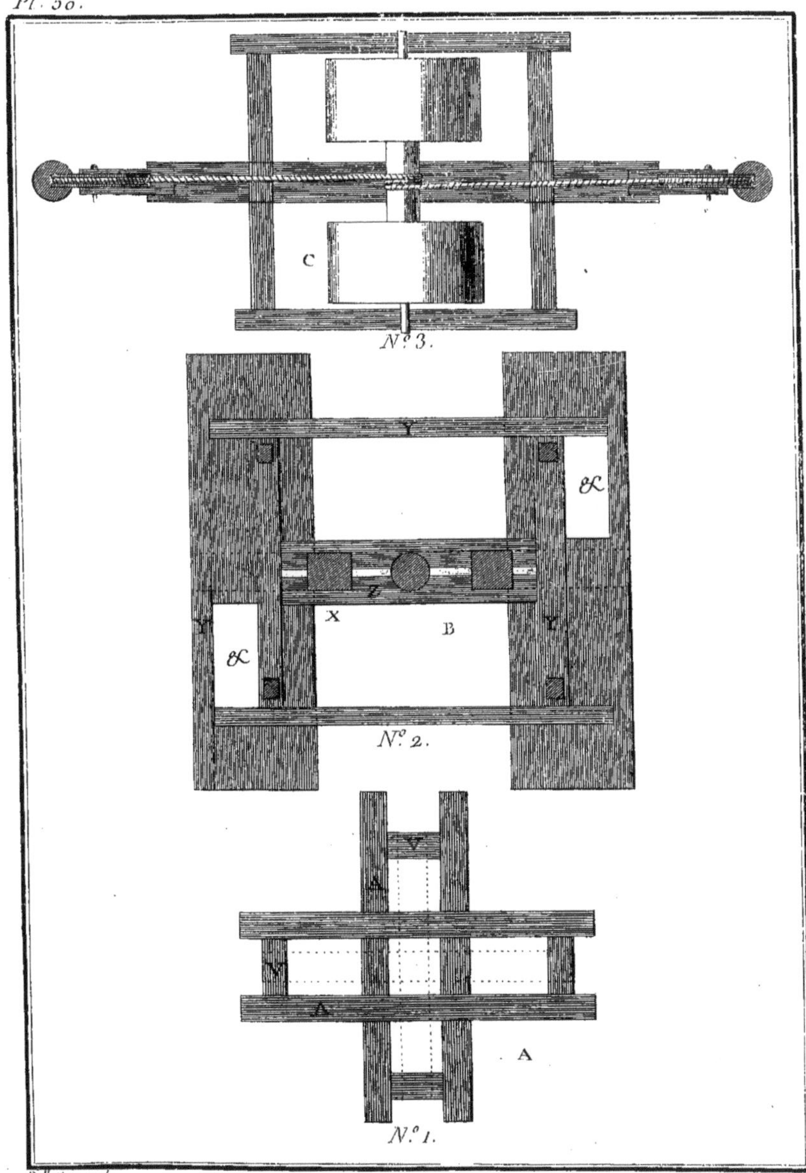

N.º 3.
C
N.º 2.
Y
X
B
N.º 1.
A

N.º 1.
Pl. 51.
I
D E O G
K
L
Q M
P
B
S S
N
H
F
Pelletier sculp.

Pl. 52

E
F
F
I
B
T
G
3
Q
2
R
B
S
S
K
M
M
H
N
L
P

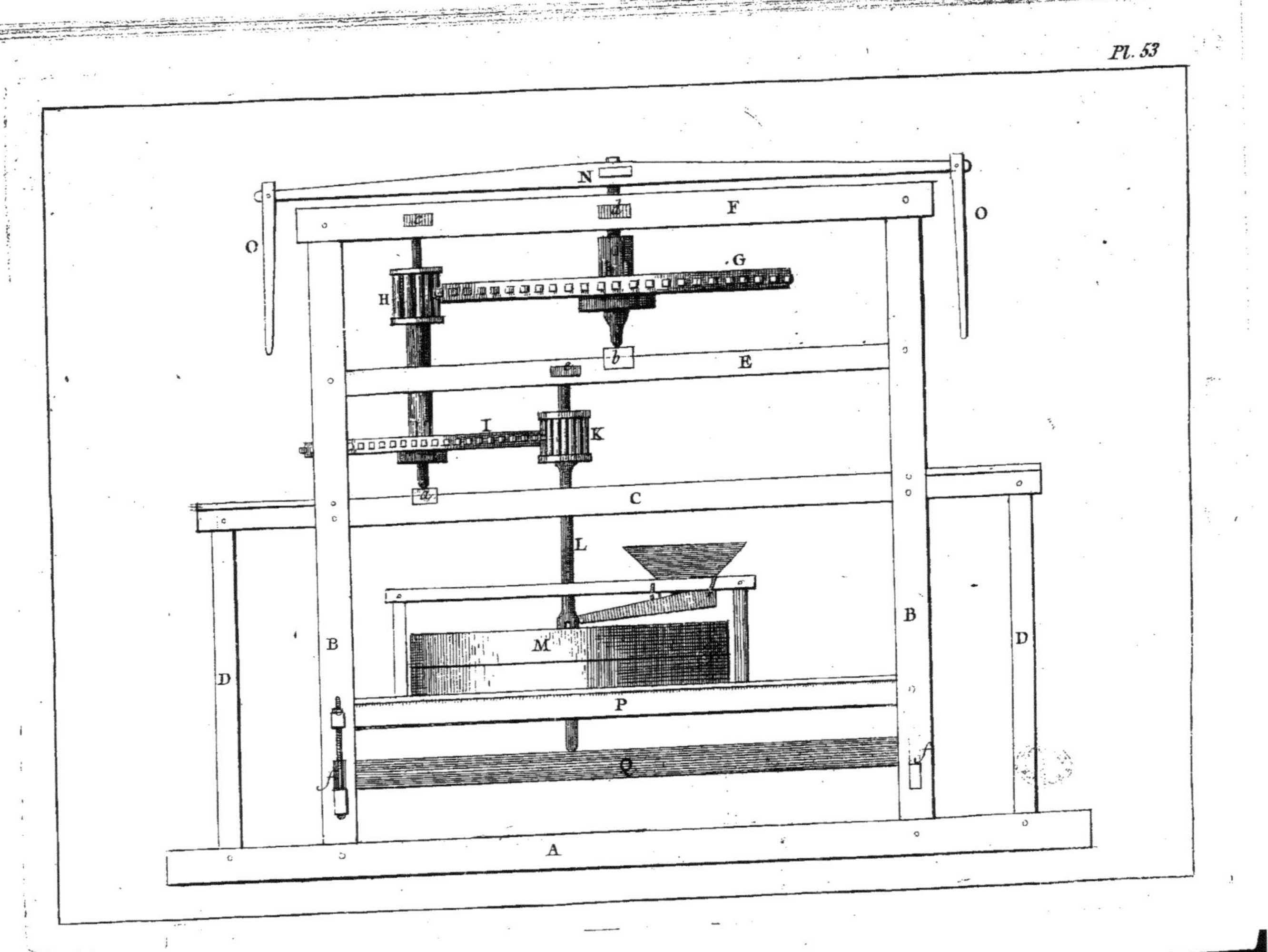
Pl. 53

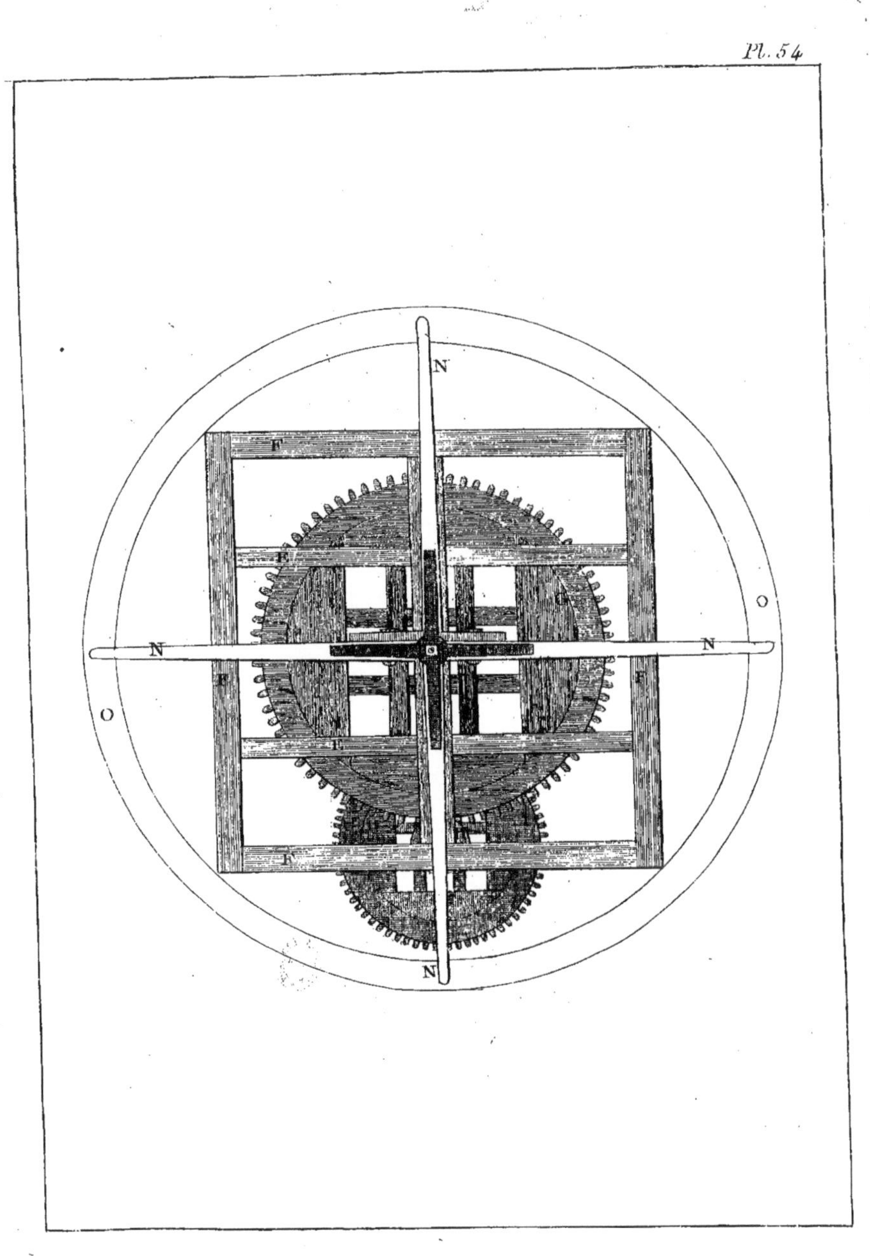
N
F
F
G
O
N
N
O
F
F
N

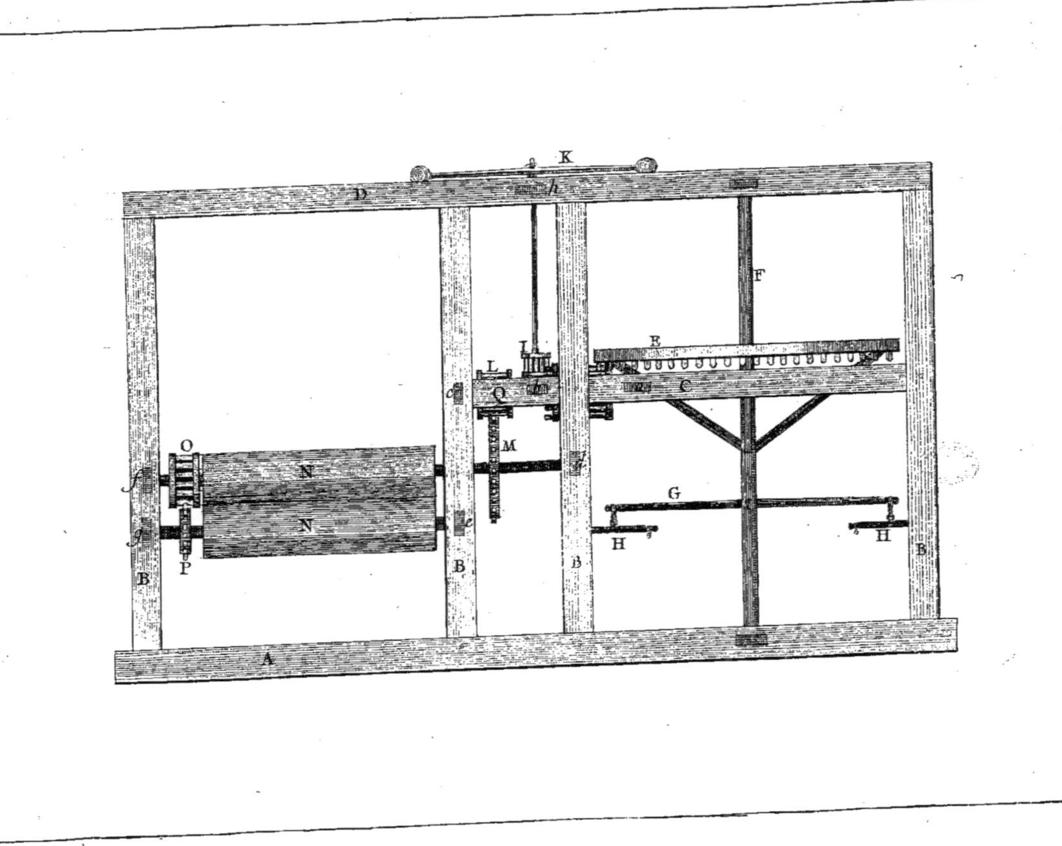
Pl. 55

L
K I K
D
M
G
E
H
C B Q B C
P
N O
A

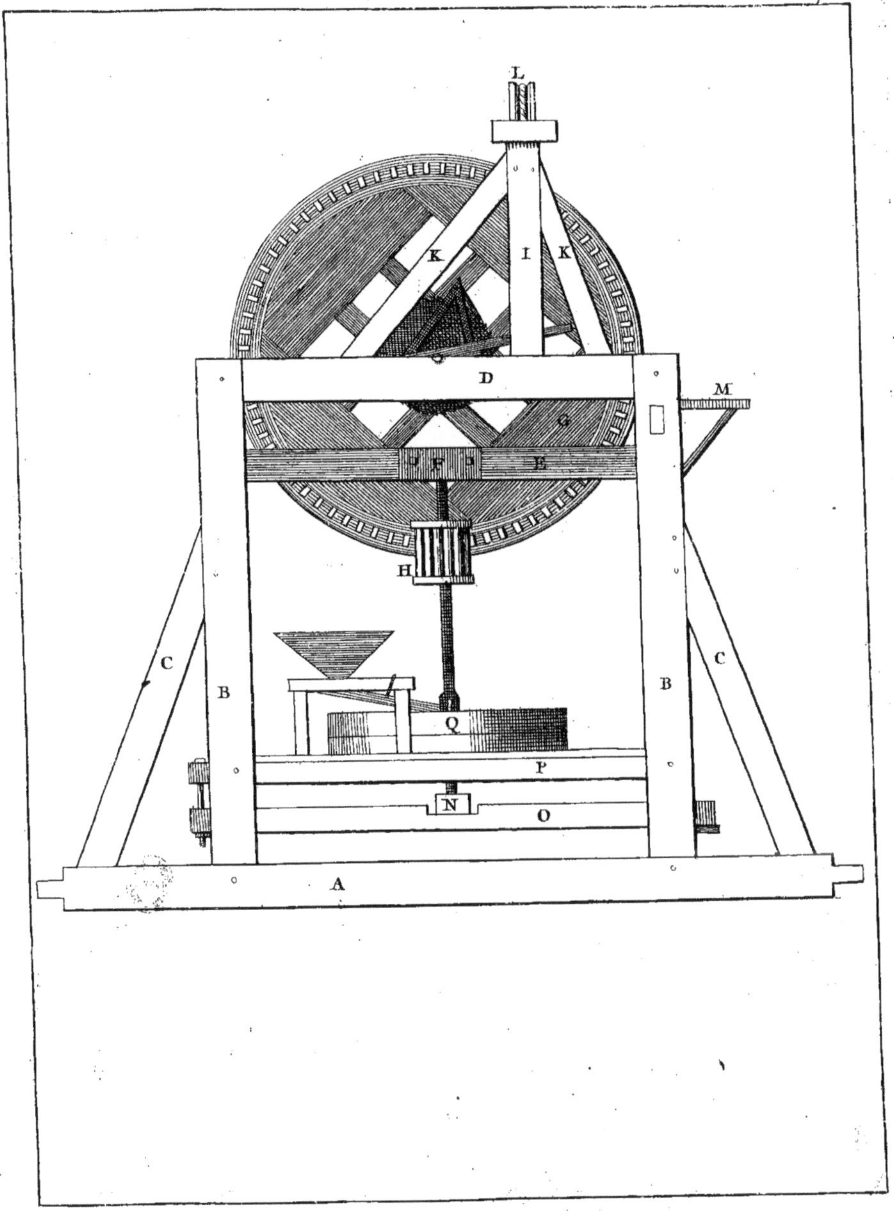

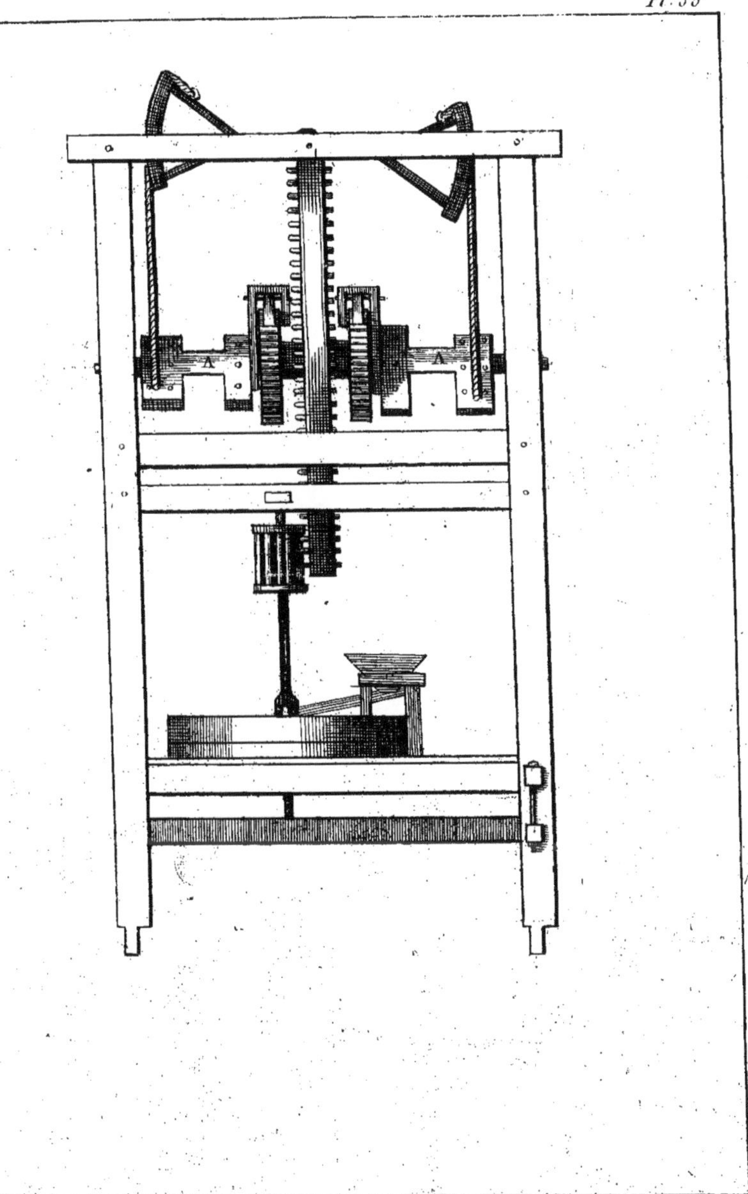

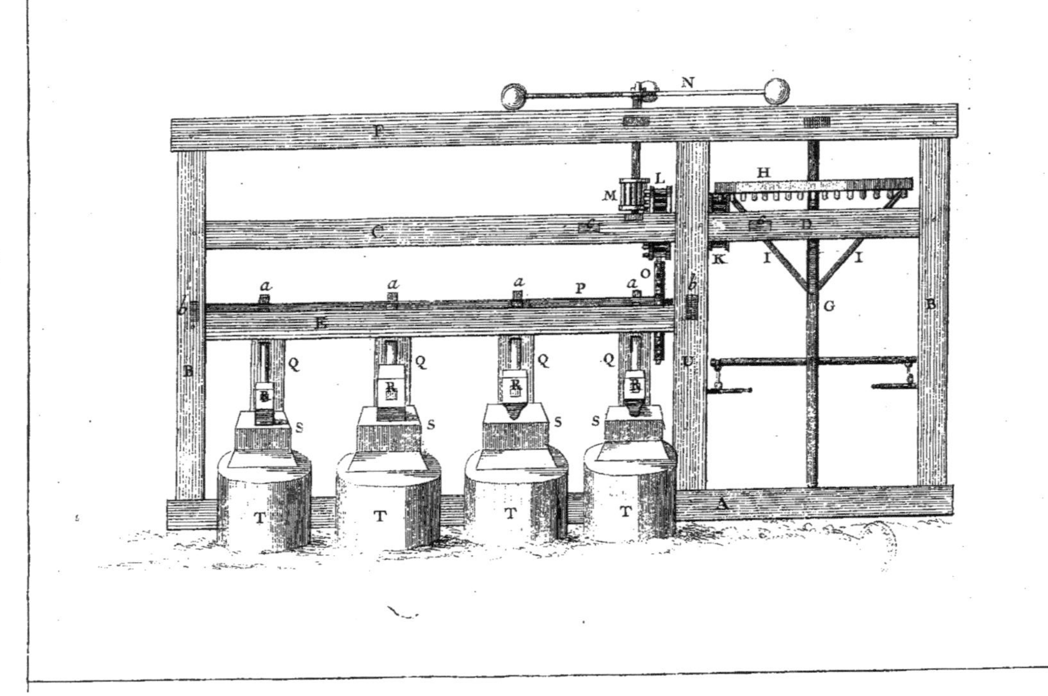

Pl. 59.

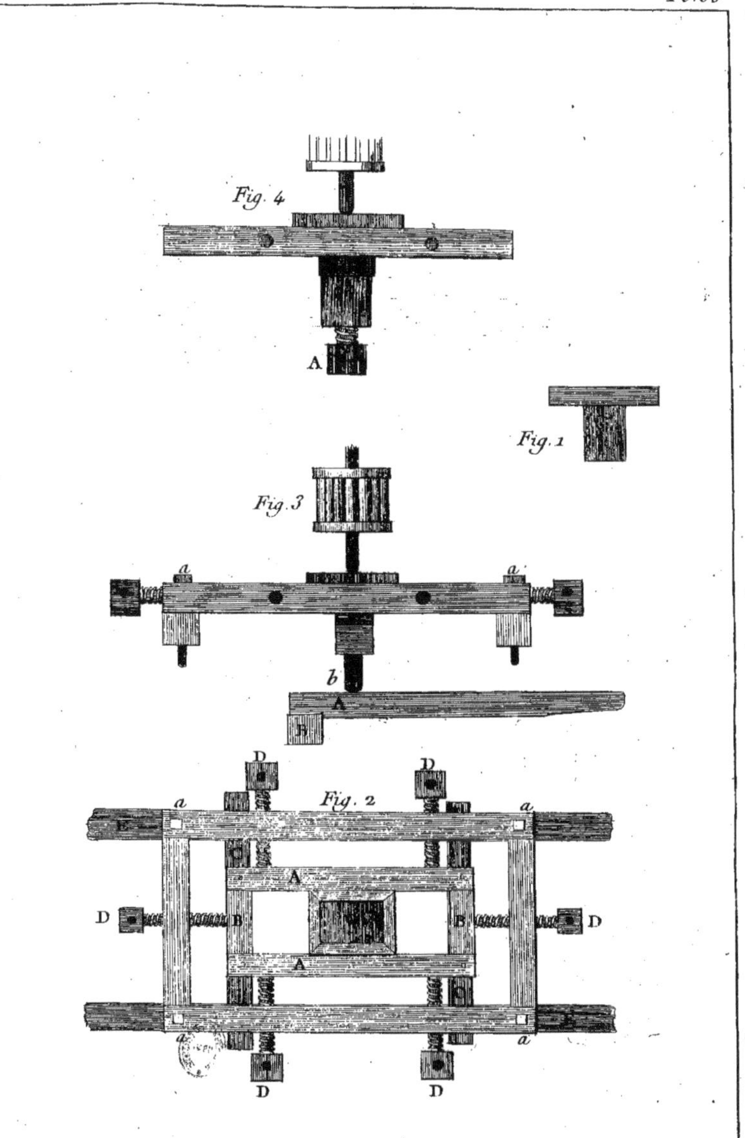
Fig. 4
Fig. 1
Fig. 3
a
a
b
A
E
D
D
a
Fig. 2
a
E
A
D
B
B
D
A
a
a
D
D